JN182052

捨て犬たちとめざす明日

今西乃子・著
浜田一男・写真

取材協力・
NPO法人キドックス

キドックス・ファーム

キドックス・ファームは、犬たちとのふれあいを通じて、引きこもりやニートの若者たちの「自立支援」を行う場所である。

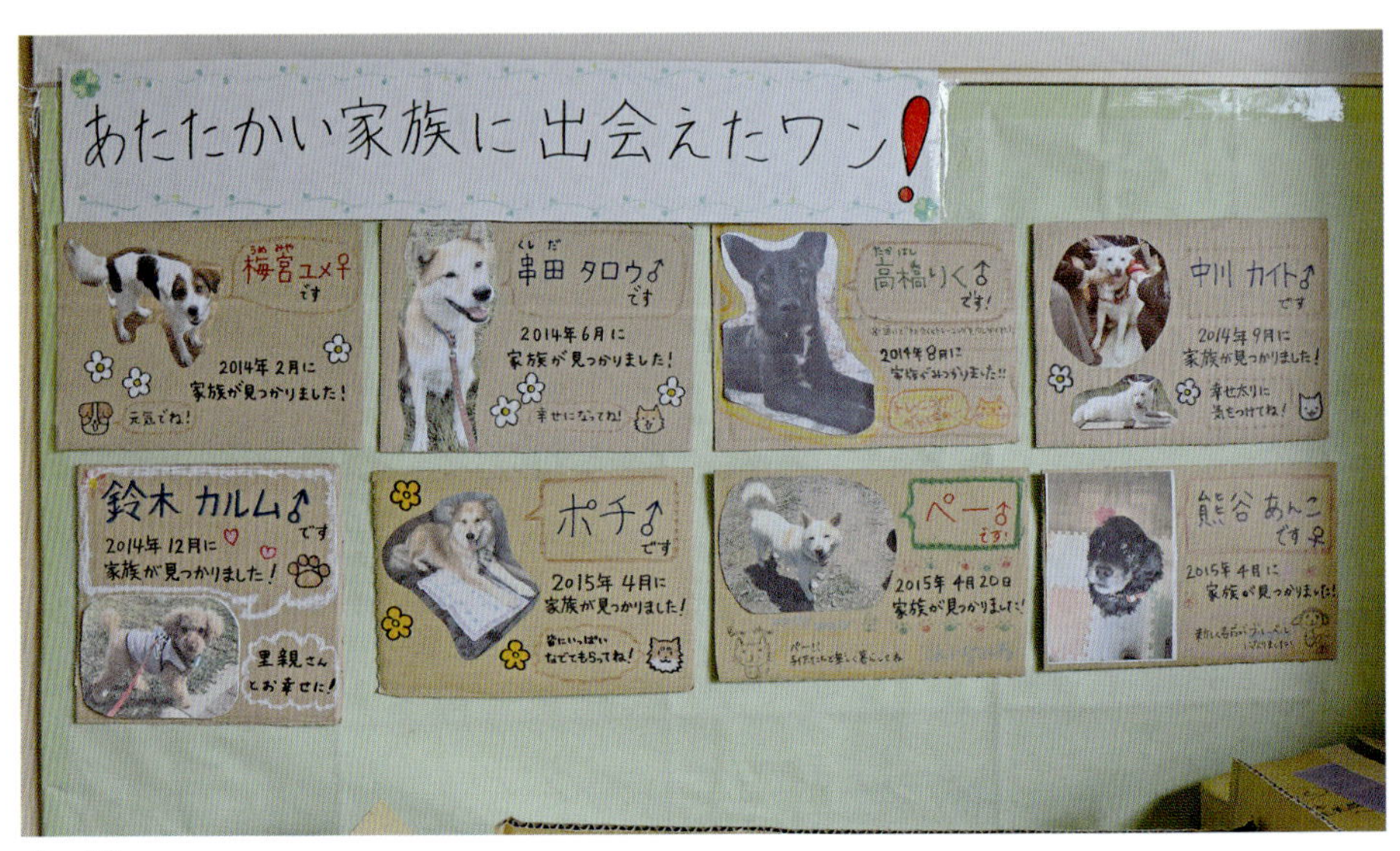

捨て犬たちは、キドックス・ファームで家庭犬としてのトレーニングを受けたうえで、新しい飼い主に引きとられるのが目標。

犬たちのトレーニングをすることで、
犬と人間が信頼関係を築いていく。

キドックス・ファームの
一日のスケジュール。

犬たちもまた、アニマルシェルターの「キャビン」から通ってきている。
写真左から、ポチ、グリ、ペー、グラ、カイト。

ミックス犬のカイトは、とても人なつこい犬だった。

もと野良犬のポチが、はるかがはじめてトレーニングを担当する犬となった。

興奮（こうふん）すると「要求ぼえ」をするくせがあり、担当者（たんとうしゃ）の雄太（ゆうた）を苦労させた。

グリといっしょに茨城県（いばらきけん）で保護（ほご）された兄弟犬。人間になれていないため、つかまえるのにもたいへん苦労した。

もと野良犬で、人間を非常に警戒していたため、あつかいが難しい犬だった。

ヤマの世話をするはるかの作業はとてもていねいだ。

譲渡会

東京の表参道で開かれた保護犬の譲渡会。新しく飼い主になりたい人が、犬と直接ふれあうことができる機会となっている。

再会

児童養護施設をおとずれ、ポチやペーと再会したはるかと雄太。

はるかが描いたペー（左）とポチ（右）。

捨て犬たちとめざす明日

はじめに――

数年前、20代後半のあるひとりの若い女性から連絡を受けた。

彼女は、高校生のころにわたしの本を読み、その本に出てくる主人公のような仕事をしたいとわたしに打ち明けてくれた。

「あの本が、わたしの人生を変えたんです」

正しくいえば、「わたしの本」ではなく、わたしの本に描かれていた実在する主人公の生き方が彼女の人生を変えたのであるが、そのきっかけがわたしの本であったことを喜ばずにはいられなかった。


わたしが手がける児童書は、ほぼすべてがノンフィクションだ。

つまり、実在する人物、実在するできごとを描いているわけだから、その気になれば、読者は本のなかの世界を訪ね、登場人物に会い、物語の現場を実際にみて、体験することができる。

事実、ここ数年で本に出てきた場所を訪ね、登場人物に会いにいったという読者からの知らせも少なからずわたしのもとに届いている。

本という二次元の世界ではなく、三次元の世界でみるその物語は、さらに奥深いメッセージを読者のなかに送ってくれたことだろう。

その体験は、ときに彼らの一生を左右する大切なきっかけとなる。

ノンフィクション文学がもたらす子どもたちへの可能性は、わたしが考えていたよりずっと大きいようだ——。

この物語は、その一例である。

2016年秋

今西乃子

もくじ

1．犬と共に歩む

子どものころから自ら進んで行動できないタイプでした。

わたしは、向こうからの出方をみているだけが精一杯なんです。

小学校のころですか……。クラスメートからいじめを受けていました。

どんないじめかといえば──。

同じクラスの子からいきなりかみつかれて、あとが消えないくらい、ひどいけがを負ったことがありました。そのこと自体、わたしは全く覚えていません。

あとから母親にいわれて「そんなことがあったのか」と、おどろきました。

人間って、いやなことを自分の記憶から消そうと思う生き物なんだと、そのとき思いました。

それからもいじめは続きます。

給食袋（ぶくろ）を取られたり、登校したらコンパスを持って追いかけられて、そのコンパスでランドセルをつきさされて……。必死でにげて、家に帰ってランドセルをみたら、穴（あな）がいっぱい開いていました。

小学校6年生の夏休みの終わり、わたしは他の学校へ転校しました。

友だちも少なからずできましたが、いじめはなくなりませんでした。

そのとき、いじめられていたのはわたしではなく、別のクラスメートでした。

勇気のないわたしは、それを止めることができず、ただみているだけでした。

いじめている相手がいなくなると、その子を追いかけてなぐさめの言葉をかけるだけが精一杯（せいいっぱい）だったのです。そんな自分がいやで仕方ありませんでした。

それからも、耳に入るのは他人の悪口とうそばかり——。

だれを信用すればいいのでしょうか。何を支（ささ）えに学校にいけばいいのですか。

中学1年の冬には体調をくずし、はきけと頭痛（ずつう）から学校にいけなくなりました。

体調は、しばらくして戻（もど）りましたが、今度は学校の教室のドアを開けるのがこわくなり、人前にいけなくなりました。

他人の陰口をきくたびに、わたしの悪口もどこかでいわれているのではないか、と考えるようになったのです。

高校では保健室登校でした。

高校を卒業しても夢もなく、この先何をしていいのか、そして何より、だれを信用していいのか、極度の人間不信におちいりました。

……そのころでした。チラシで、動物の専門学校があるのを知り、動物なら人を裏切らないんじゃないか、動物がいれば他の人とのコミュニケーションが取れるのではないかと思い、入学を決めました。

でも……、結果は同じでした。

教室にいるのは動物ではなく学生です。「人間」だからです。

こわくて、教室に入れず、そのまま自宅に引きこもるようになりました。

そんなある日、母が、市の広報誌で、キドックスのことをみつけたんです。

〝不登校や、他人と接するのが苦手で働けない人が、飼い主のいない犬を世話して、新しい飼い主のもとへ送り出す〟

そんな自立支援のためのプログラム内容だったと思います。

自分に当てはまるな、と思いました。

何より「人」じゃない。「人」以外のだれか……「犬」がいるということが大きな救いでした。

……このままじゃいけない。

わたしは……変わりたいと思ったんです――。

21歳の川田はるか（仮名）の声は小さく、言動はかなりゆっくりで、自分の思いをうまく表現できなかったが、過去のできごとは本人のなかで、時系列にそってきっちり整理できているようだった。

つらい過去に戸惑いながらも、自分の生い立ちのことを、勇気を持って述べてくれた。

中肉中背。めがねの奥の目は、すんでいてとてもきれいだった。

外出は買い物や病院のみ。心療内科に月1回通い、薬は毎日服用。夜おそくまでインターネットでネットサーフィンをしているため、寝るのがおそく、朝がつらい。

気持ちの波が安定せず、体調が悪くふとんから起きあがれないこともしばしばだという。


NPO法人キドックスの代表理事を務める上山琴美は、次の面接記録を読みかえした。

ここに通う若者たちがすごしてきた過去を熟知することは、とても大切だ。

二度三度読みかえして、彼らが持つ問題点、新たなSOSに気づくことも多い。

次の記録は、佐藤雄太（仮名）25歳。はるか同様に、琴美が最も気にかけている青年だった。


大学院中退です。

ぼくが引きこもった理由ですか……？

……大学院のとき、学生に指導する授業の補助をやったんですが、すっごくプレッシャーで、うまく指導できなかった。人とのコミュニケーションが苦手で、話がうまくできなくて……。

しばらく休んでいたら、もういけなくなった。

これ以上、続けるのは無理です。

ハローワークにも通いました。

働きたいという気持ちはあります。

……でも、人と話すことに自信が持てない。

そもそも、人とは話さない生活を送っていたんですから……。

何とかしなくては、という気持ちはありました。

だから、母親にすすめられて「引きこもり・ニートの相談会」にいきました。

そこで、上山さんと、キドックス・ファームのことを知ったんです。

犬のトレーニングときいて、別に犬とか興味はなかったけど……、家にいても何も変わらない。いけるところがあるんだったら、いこうと思った。

雄太の日本語は、理解するのにかなり力を要した。

言葉になるまでに時間がかかるし、何をいわんとするのかが明確ではないからだ。

人の顔をみることも苦手だし、顔の下半分は常にマスクにおおわれていて、表情もわかりづらい。


雄太は軽度の睡眠障害をかかえていた。

毎晩、睡眠薬を飲まないと寝ることができないし、飲んでも3時間ほどしか眠ることができず、起きてしまうという。そのせいか、頭痛があり、ひどくなると起きあがることもできない。

原因はストレスらしい。今の自分に不安で、就職をしたいという気持ちは人一倍強い。ただ、体調不良から就職活動に結びつかず、あせりと不安だけが増す一方だ。

人間関係にも不安が大きい。相手がどう思っているかが気になり、自分から話をするのは得意ではない。相手がどんな状況にあるのかを想像して、行動することが苦手だ。

会話は、建設的に行うことができず、話をつなげることが苦手で、頭のなかで混乱が起きることが多々ある。そのせいかため息が多い。

琴美は、何度も何度も、ふたりの顔を思いうかべながら、記録を読みかえした。

ふたりとも、とてもまじめな性格で、今の状況にも苦しんでいることは明らかだ。

しかし、自分の力ではどうにもできない。だからここにきた――。

大きな救いは、はるかも雄太も「このままの自分ではいけない」「変わりたい」と心から願っていることだった。

多くのニートや引きこもりとよばれる若者たちは、その状態にあっても、だれにも相談しないというから、彼らがここにきてくれたということは、この時点で自立への大きな可能性と希望があるということだった。

それにしても……、人間とは皮肉なものだと、琴美は思った。

言葉という便利なコミュニケーションツールがあるがために、言葉にたよりすぎて、意思疎通のすべてを言葉によって理解しようとしている。

そのため、コミュニケーションが苦手な人間は、話が苦手なだけに終わらず、人が苦手で、人間ぎらいになってしまう。

ふたりがその典型だった。

人と話すことが苦手で、コミュニケーションを取ることができない。

そんな自分を変えたくてここにきた。

ふたりは特別に犬が好きなわけではない。犬に対する特別な思い入れもなければ、犬を飼(か)ったこともない。

それでも、人間以外の心を持った「だれか」が介在(かいざい)することは、じかに人間と接触(せっしょく)するより彼(かれ)らにとってはよほど気が楽なはずだった。

ここにくる若者(わかもの)は、はるかや雄太(ゆうた)もふくめ、今の自分のことがきらいだ。

人とうまくつき合うことができない自分。社会に適応(てきおう)できない自分。社会の役に立てない自分がきらいなはずだった。

しかし、人は変わることができる。大切なのは、そのことに早く気づき、好きになれる自分をみつけること。それが大きな自信となり、生きる力となる。

「好きな自分」に一歩でも近づくことが、彼らの未来をひらくのである。

その未来に力を貸してくれるであろう相手が、人間に捨てられた犬たち――。

そう……、人間社会から疎外された犬たちなのである。

2．マクラーレン少年院「プロジェクト・プーチ」

茨城県土浦市にあるキドックス・ファームは、かなりのぼろ家だった。

自分たちで改修できるところは、かなり手を加えたが、満足のいくできではなかった。それでも土地３００坪と一軒家で、家賃2万円は格安だ。

自分たちの活動を理解してくれた大家の特別の配慮、何よりもその気持ちがありがたかった。

上山琴美は、面接室に使用している和室を念入りにそうじした。

ふきそうじが終わって、大きなため息をつくと、琴美は手に持っていたぞうきんを放りだし、畳の上にあお向けになってしみだらけの天井をみつめた。

どうやらここも早いうちに壁を塗りかえる必要がありそうだ。

あまりにも考えることが多すぎて、逆に何も頭にうかんでこなかった。

そんな時に決まって思い出すことといえば、中学の時にすっかり疎遠になってしまった同級生のことだ。

その友人とは、小学校からずっと仲良しだったが、中学に入ったころから、悪い仲間とつき合うようになり、やがて不登校になってしまった。

彼女のなかに何があったのか、今でも琴美にはわからない。

ただ変わりはてた同級生をみて、何度も考えた。


なぜ、人は悪いことをするのだろう……。なぜ、悪に導かれていくのだろうか――。


この疑問が芽生えて以来、琴美のなかから友人の存在とこの問いは消えることはなかった。

琴美が「人は悪いことをする」という犯罪の心理に興味を持ったのはこのころからだった。

高校生になったころ、罪を犯す子どもたちのために何かできないかと模索するなかで、琴美はある一冊の本に出会った。『ドッグ・シェルター　犬と少年たちの再出航』。

子ども向けに書かれた本で、アメリカの少年院でのドッグトレーニング・プログラムについて取りあげられたものだった。

過ちを犯した少年たちに「命」の大切さを教えたかけがえのないパートナー。それはこわれたおもちゃのように一度は人間に捨てられた犬たち。

物語は、アメリカ、オレゴン州のマクラーレン少年院を舞台に描かれていた。

「プロジェクト・プーチ」というＮＰＯが行っている更生プログラム「ドッグトレーニング・プログラム」を描いたもので、人間不信におちいり罪を犯した少年たちが犬のトレーニングを介して社会と人間への信頼を回復していくドキュメントだった。

なかでも琴美の心を最もひきつけたのは、犬を少年の更生プログラムの「道具」として起用しているのではなく、少年と犬、双方が人間への信頼を回復し、双方が再出発できる、という点だった。

琴美も幼いころからずっと犬が大好きで、ずっといっしょに育ってきた。

「犬が人間にあたえる力は計り知れない」という本の内容は、疑う余地なく琴美を納得させた。

キドックス・ファームを運営するNPO法人キドックスの創設者、上山琴美と愛犬でこぽん。でこぽんも捨て犬だった。

犬とはそういう生き物なのだ。

琴美はアメリカのプロジェクト・プーチの活動にいたくひかれた。

少年も犬も、両者が光に向かって歩き出せるプログラムが、実際にアメリカで行われ、大きな成果をあげている。

琴美は、自分もプロジェクト・プーチのような活動を日本で始めたいと、真剣に考えるようになっていった。

琴美のなかに迷いはなかった。

琴美は茨城県の国立大学に進学すると、非行少年や少女たちの実態をその目で確認するため、学業の合間をぬって、非行少年を支援するボランティア活動を始めた。

彼らの多くは家庭環境に問題があり、自分の存在価値を認められないでいる。自分のことがきらいで、他人を信用できず、多くの問題をかかえている。

そんな子どもたちを更生に導く仕事につきたい——。

琴美の決心は固かった。

ところが……。

現実は、本に書かれているほどきれいなものではなかった。

ある少年の目つきは、今にも人を殺さんばかりの殺気に満ちていた。

「おはよう！」と琴美が明るく声をかけると「死ね！」と返ってくる。

別の日には、琴美といっしょにボランティアにやってきた大学生が、子どもにけとばされていすから転げおちてしまった。

彼のなかに、希望の光はみえなかった。

彼らのなかにあるのは、「怒り」だけで、「この子たち、いつか人を殺すんじゃないか」という猜疑心だけが琴美の心を支配しはじめた。

その猜疑心が、琴美のエネルギーを一気に持ちさってしまった。

彼らのなかにある「怒り」の原因をみつけ、それを取り除く力など自分にはない。

彼らのすさんだ目にさらされながらのボランティアは、たえられなかった。

わずか、２週間での挫折……。こんなにも簡単に、投げだしてしまうのか――。

自分の情熱とはこれほどちっぽけなものだったのかと琴美はあきれはて、自分を責めた。

自分が最もやりたいと思っていたことは、自分には荷が重すぎて背負いきれないものだった。

「やりたい」と「できる」は全くちがう。そこには琴美の想像を絶する大きな覚悟が必要だった。

非行少年たちの更生に、手を出す覚悟がないのなら、夢をたくすことができるのは「犬」だけだ。

プロジェクト・プーチのように捨てられた犬たちを救いながら、人のためになることなら、他にもある。何か自分にもできるはずだった。

琴美は、考えに考えた。いろんな勉強会や講演会にも参加したし、多くの本も読みあさった。情報という情報を集めまくった。

大学在学中ずっと考え、なやんだが、自分が納得できる答えはついにでなかった。

社会人になって、会社勤めを始めてからも、捨てられた犬と人とをつなぐ「何か」をしたいという思いは、ずっと心のなかに残った。

しかし、それが何なのかがわからない。何かわからないが、そこに自分のやるべき使命があるような気がした。

出口のみえないなか、思いうかぶのはやはり「プロジェクト・プーチ」だった。なやんだ末、琴美はついにアメリカ、オレゴン州のポートランドへと向かうことを決心した。一番心を動かされた少年院のドッグトレーニング・プログラムを立ちあげた人物に会い、自分の思いをもう一度確かめたかった。

空港から向かう車のなかからみたポートランドは、緑豊かな美しい街だった。琴美が向かったマクラーレン少年院は、ポートランドの街中から30キロほど離れたウッドバーンという場所にあった。

少年院のなかにある「プロジェクト・プーチ」の責任者ジョアン・ドルトンは、50歳代後半のチャーミングな女性だった。

捨てられた犬を介在させたドッグトレーニング・プログラムを、この少年院で立ちあげて20数年、自らを省みず、なりふり構わず、少年と捨て犬たちのために尽力してきた女性特有のとがった雰囲気は彼女にはない。品が良く、若いころは、さぞかし美人だったと思わせるきれいな目元は、笑みが良く似合った。

ジョアンは琴美の訪問を心から歓迎してくれた。きくと海外からの視察も多いという。

ジョアンが琴美を少年たちに紹介すると、少年たちが、和菓子や日本茶でもてなしてくれた。ここでは研修にくる客をもてなすのは、彼らの役目で、少年たち自らが視察にくる客の文化を学び、どうもてなすかを決めるという。

その日、琴美たちにふるまわれたお菓子は「オハギ」で、英語ではライス・ケーキと名づけられていた。そのもてなしに、琴美は涙が出るほど感激した。

少年たちからの歓迎を受け、日本茶で一息ついた琴美たちは、少年院の敷地内にあるプロジェクト・プーチの犬舎に案内されることになった。

少年たちがトレーニングする犬は、近くのアニマルシェルターからやってくるという。

アニマルシェルターとは、飼い主がおらず、行き場を失った犬や猫を一時的に保護して、世話をしている緊急避難施設のことだ。広くて清潔な犬舎のなかに数匹の犬がのびのびとすごしていた。

その犬たちの多くは、飼い主から「いらない」と放棄された「捨て犬」だった。

プロジェクト・プーチの犬たちは、このシェルターから引き取った犬たちで、担当した少年が、犬の基本的なトレーニングと世話をすべて行い、新しい飼い主がみつかるまでの時間、その犬と共に日常をすごす。

「ぜひ、他の国でも、もちろん日本でも、このような取り組みをどんどん普及させてほしい。でもね、この取り組みは犬をあたえればいいということではないの。犬は道具ではない。少年たちのパートナーとして共に幸せになる、ということが絶対条件よ。だから指導する人間は犬のことも、教育のことも熟知していなくてはならない。簡単ではないわね」

ジョアンは、話しながら少年院のなかにあるドッグ・シェルターや少年院生と犬のトレーニングの様子を紹介した。

本のなかに描かれていたものと同じ世界がそこに広がっていた。

ようやくここへきて、琴美は、あの話が本当のことなのだと実感した。

それにしても……「日本とはずいぶんちがうな」と琴美は思った。

琴美はその時も、中学の時、別れたままになった同級生のことを思い出していた。

琴美と同級生の彼女も、すでに自分と同じ三十路近い年齢になっているはずなのに、連絡がとだえた彼女の姿は、琴美のなかでは、中学生の制服を着たままだ。

彼女が非行に走った原因は今もわからない。ただ非行に走った際、彼女のなかにはいいようのない「怒り」があった。非行少年支援のボランティアで出会ったあの少年も同じだ。

だれに対する怒りなのか――。

親なのか、友だちなのか、社会なのか、それが何なのかわからないが、やがて、そのいらだちや怒りは、問題を解決できない自分へと向けられ、外に向かって爆発した。

緑いっぱいの施設内を歩きながら、犬を散歩に連れ出す少年たちの姿を琴美はみつめた。

ジョアンが少年たちにおくれないよう琴美をうながした。

「コトミ、この少年院にくる彼らのほとんどは、親からろくに愛情も受けず、社会からしいたげられてきた。いわばアウトロー的な存在です。そんな彼らが知識ばかりの勉強を身につけ、少年院を出たとしても同じ過ちをまたくり返すでしょう。彼らは親や社会から裏切られたことで人間不信におちいっています。どうせ、自分はダメな人間であると決めつけている。自分なんて、何の価値もないと自暴自棄になり犯罪に走る……」

ジョアンのその言葉に琴美は、大きくうなずいた。

琴美の友だちだった彼女も同じだ。ボランティアで出会ったあの少年も同じだろう。何かが原因で、自暴自棄となり非行に走った。

人は〝自分の心の面倒〟を、自分でみきれなくなると、やけになって自分が大きらいになってしまう。もっと簡単にいうと、自分の気持ちを自分が認め、大切にできないと、自分を好きにはなれない。

そんな非行少年たちに、犬の世話とトレーニングを任せ、命に対する責任を少年たちのなかに芽生えさせる、というのがプロジェクト・プーチの更生プログラムだ。

命に対する責任が自分のなかに芽生えると「自分がだれかの役に立っている」という実感がわく。だれかの役に立てる自分は、きらいな自分ではない。まちがいなく「好きな自分」だ。

そして、好きな自分に一歩近づくことは、大きな自信へとつながるのである。

こうして、好きな自分と出会った元非行少年たちは、きらいな（悪さをする）自分と「さよなら」したいと思うようになる。

なぜなら「きらいな自分」より「好きな自分」といっしょにいる方が、まちがいなく幸せで楽しいからだ。

「大切なのは少年たちの自分自身に対する〝気づき〟です。どんな自分なら自信が持てるのか、どんな自分なら好きになれるのか、理想の自分をみつけることは、理想の未来をつくる基本中の基本です。そしてその気づきを押しつけることなく少年たちにもたらしてくれるのが、一度は人間に捨てられた犬たち。これが、プロジェクト・プーチのドッグトレーニング・プログラムです」

ジョアンが、犬を世話する少年たちをみながら続けた。

「未来の大きな夢を具現化するためには、いきなり高いハードルをとぶのではなく、低いハードルから徐々にとびこえていかなくてはなりません。低いハードルとは、つまり身近にある次

「プロジェクト・プーチ」の責任者、ジョアン・ドルトンとNPO法人キドックスのスタッフたち。
左から上山琴美、ジョアン、理事兼ドッグトレーナーの山田有紀子、理事の佐治莉紗子。

少年たちが、琴美たち一行にくれたプレゼント。

の目標のことです。犬にも若者にもそれが必要です。このことは忘れないで」

ハードルとは人生に立ちはだかる様々な壁のことだ。

学校であれ、社会であれ、生きていく以上、様々なハードルが必ずある。

そして、それを、とびこえなくては、夢をつかむことはできない。

琴美はジョアンの言葉を心のなかでくり返しながら、ぼんやりと少年たちをみつめていた。

目の前で犬を連れている少年たちは、本当に罪を犯した子たちなのだろうか。

ジョアンのいうことを、逆らうことなく従順に受けいれ、素直に従い、笑顔さえみせる少年たちに琴美は、首をひねりたくなった。彼らは本当に悪いことをしてきた子たちなのか……。

しかし、ここにいることを考えれば、彼らが反社会的なことをしてきたことは、きくまでもなかった。

「……あの、ここを出たあと、再犯はないのですか？」

「ここ20年あまりで、プロジェクト・プーチに関わった少年たちは200人以上。再犯は……、今に至って〝ゼロ〟です」

ジョアンは琴美をまっすぐみて、自信たっぷりに堂々といいきった。

話によると、この少年院を退院した若者の再犯率は約半数というから、いかにこのプログラムが少年たちの自立、そして自立に至るまでの大きな自信となっているのかがわかる。

「支援されていると彼らが感じている段階では不十分です。彼ら自身が自分が良い結果をだしているという自覚と自信が持てるまで、徹底的にサポートすることがプログラムでは大切なのです」

ただうなずくしかなかった。それほど、ジョアンが始めたこのプログラムは琴美にとって合点がいくものだった。

琴美がだまって少年たちの様子をみていると、ジョアンはかたむきかけた日差しをさえぎるため、ポケットからサングラスを取りだし、それをかけた。

目はしっかりと少年と犬をとらえている。

白人は目の色素がうすいから、日差しもより一層まぶしく感じるんだろうな、と琴美はどうでもいいことを考えていた。

じっとジョアンをみつめる琴美をみて、ジョアンが一瞬、照れくさそうに微笑んだが、すぐ真顔になって話をもとに戻した。

「くり返しますが、人間不信におちいったり、自分には価値がないと思っている子どもたちの多くが、アウトローになり犯罪に手を染める。ここにいる子どもたちのように、反社会的な行動を起こすのです」

ジョアンのその言葉をきいて、琴美のなかにひとつの疑問がわきあがった。

「でも……人間不信におちいっているすべての子どもたちが、犯罪に手を染めるわけではありません。どんなに自分に価値がないと思っていらだちをかかえていても、そのいらだちを犯罪という方法で爆発させず、奥にかかえこんでしまう子もいます。そういった消極的な子の心のなかのいらだちと怒りはどこにいくのですか？」

琴美の頭のなかに「引きこもり」や「自殺」という言葉がよぎった。

アメリカにおける引きこもりやニートの状況は、どうなのか。

琴美の口から自然と出た疑問に、ジョアンは迷う様子もなくいった。

「アメリカは日本とはちがい、社会保障制度で守られていませんから、引きこもりが社会問題になるような状況は考えられません。引きこもってもそれは自己責任で、国の問題としてクローズアップされることなどないのです」

「引きこもり」や「ニート」というのは、日本の福祉や社会保障制度がもたらした日本独特の社会問題らしい。

ならば少年院という施設ではなく、自宅で引きこもって自立できない若者を支援するプログラムを、自分たちがつくればいいのではないか。

自分が生きているのは日本だ。日本で生きているのだから、日本がかかえている社会問題に真正面から取り組めばいい。

自分の存在価値がみいだせず、人間不信で、社会に出ることができない若者と、捨て犬たちの「自立支援プログラム」――。

琴美は胸のなかに熱いものがこみあげてくるのを、その時、はっきりと感じた。

ジョアンと会い、琴美のなかの「どうして人は悪いことをするのか」という疑問は、「どうしたら人は、悪いことをしなくなるのか」という疑問へと変わり、その答えは、ジョアンという女性と、少年院の子どもたち、そしてそこで彼らに世話をしてもらっている「元捨て犬」たちによって明確に導き出された。

大切なのは、だれかから必要とされること。だれかから必要とされる自分になりたいと願うこと。そして、きらいな自分と別れて、好きな自分（理想の自分）に一歩でも近づくことだ。

これは、非行少年だけではなく、日本の社会問題となっているニートや引きこもりにもぴったりと当てはまることだった。

どうして人は、引きこもってしまうのか、どうしたら引きこもらず、社会に出ていけるのか――。

「引きこもり＝怠け者」という偏見はいまだに多い。しかし、これは当人や家族の問題だけではなく、今の日本の社会の仕組み、地域社会・家族・人間関係の変化や病気、障がいなどが複雑にからみあって生まれている問題だ。それをまず周りが理解することが大切なのではないか。

この問題は、日本で生きる人間すべての問題であるのに「個人」の問題として片づけられていることに琴美は大きな不安を感じた。

つまりだれもが「引きこもり」や「ニート」になる可能性はある。

そして、犯罪にしろ、引きこもりにしろ、その両者から脱却するために必要なのは「自立」するということだ。自分の生活を自分で確立できる。自分の心の面倒を自分自身でみてあげられる、ということなのだ。

琴美は、声をあげずに自宅で引きこもっている若者やニートたちを支援するために、犬を介在させた「ドッグ・プログラム」を、自ら立ちあげようと思った。

大切なのは、ジョアンがいったように犬をプログラムの道具にしない、ということ。

また若者が自ら学び、考え、主体的に自分の人生を生きることと同時に、犬が犬らしく、命の尊厳を持って人間社会のなかで生きることができる――。そんな社会をこの手でつくりたいと思った。

マクラーレン少年院からみえる夕日は美しかった。

敷地内の芝生は徹底的に手入れされ、犬を連れて歩く少年たちの笑顔はかがやいていた。

そして……、

元非行少年たちに世話をされている犬たちは、だれよりも少年たちを信頼しているように、大きくシッポをゆらしていた――。

そのシッポのゆれが、少年たちの「自信」を確かなものにしていることを、琴美は見逃さなかった。

3．犬と出会う

カイト、やっぱり、今日もしたな……。

キドックス・ファームに通いはじめたばかりの佐藤雄太は、そう心のなかでつぶやくと、カイトのリードを持ちながら自分の鼻をつまんだ。

真っ白なミックス犬のカイトが、どうしたの？　という顔をして雄太をみあげている。

カイトのそばには、今出したばかりの排泄物が、コロンと転がっていた。

それをみていた琴美が、となりから声をかけた。

「雄太さん、カイト、ウンチ終わったっていってるよ。ほら、早く取ってあげて」

散歩道は、田舎のあぜ道で舗装されていないため、とても狭い。

雄太が立っていると道をふさぐことになってしまう。

「……あ、は、はい」

雄太が、ワンテンポおくれてうつむきながら、あいまいな返事をした。

しかし、返事をしたものの、こればかりはどうしてもいただけない。

まごまごしていると、琴美がビニール袋を使って、むんずとウンチを拾いあげた。

「おお～、カイト！　今日もいいウンチだね。健康状態ばっちりだよ」

琴美がなでると、カイトが大きくシッポをふって喜んだ。

琴美がカイトの排泄物の入ったビニール袋を雄太にわたした。

雄太は、苦笑いしてごまかすと、「……カイト、いいぞ……」と琴美に続いてカイトをなでた。

しかし、その声は小さく、感情がまるでこもっていない。

カイトがきょとんとした顔で、そのまま歩きだした。

週1回というペースでキドックス・ファームに通いはじめたばかりの雄太には、どうしても犬の排泄物を取ることができない。

直接手でさわるわけではないのだが、排泄物のにおいが苦手なのだ。

「雄太さんもウンチするでしょ？　おんなじだよ」

さらりと琴美にいわれて「はい」と雄太がうなずいた。

今日は暑くなりそうだ。

ここでの散歩はアスファルトではないため、いくぶん暑さはマシだが、この季節のこの時間になると、アスファルトでの散歩では犬たちが熱中症になるおそれがある。

散歩を早々に済ませると、雄太はカイトのリードを引いてキドックス・ファームへと戻った。

カイトがうれしそうにトコトコとついてくる。

その一部始終を琴美は見守った。

それにしても人なつこい犬だ。

元捨て犬とはとても思えない。

雄太が担当することになったカイトは、飼い主に捨てられた犬で、キドックス・ファームから車で10分程度はなれたところにある、アニマルシェルター「キャピン」という施設で保護されている犬だった。

雄太がここにくる日に、カイトはキャピンから通ってやってくる。

正確にいえば、琴美たちスタッフが朝、車で犬たちをキャピンまでむかえにいき、キドックス・ファームに連れてきて、プログラムに参加している若者たちに犬の世話をさせている、というわけだ。キドックス・ファームには犬を保護するシェルターがないため、キャピンで保護している犬のなかから、若者の更生プログラムに応じて犬の適性を見極め、ここに「通い」という形できているのである。

若者には担当する犬が決められていて、雄太が初めて担当することになったのが、やや小さめの白いミックス犬、カイトだった。

そんなわけで、カイトもふくめ、ここで若者たちとプログラムを組んでいる犬たちは、朝キャピンからここにきて、夕方またキャピンに戻るという毎日を送っていた。

キャピンには飼い主から放棄された犬や、野良犬など保護された犬が常時10数頭いる。カイトもキドックス・ファームに通っている他の犬も、新しい飼い主のもとへいくことを最終目標としていた。現在のところ週1回ではあるが、カイトに飼い主がみつかるまで、雄太はカイトの世話をすることとなる。

散歩中の雄太とカイトのあとを追いながら、雄太がこのプログラムでの参加で、いい方向に変わってくれることを琴美は切にいのった。

キドックス・ファームの「青少年自立支援ドッグ・プログラム」は、この土地と家を格安で貸してくれた大家をはじめ、周りの人の協力と理解で、２０１３年春に、無事オープンをはたした。

しかし、その存在はまだまだ世間には知られておらず、雄太をふくめ、通っているのは１日に多くて5名、少ない日には2名ほどだった。

このプログラムには、二者の成長と旅立ちが期待されている。

ひとつは、引きこもりやニートの若者たちの自立へ向けて、そしてもうひとつは、捨てられた犬が人間社会で幸せに生きるための社会化教育である。

まさにアメリカ、プロジェクト・プーチの「ドッグトレーニング・プログラム」の志をそのまま再現したものだが、このふたつの大きなちがいは、キドックス・ファームが少年院のような入所施設ではなく、自宅から通う通所施設であるということだった。

入所してそこで生活しているのであれば、子どもたちは必ず目の届くところにいるし、起きてから寝るまでのスケジュールが施設内で管理されているので、プログラムのメニューも組みやすい。

しかしキドックス・ファームのドッグトレーニング・プログラムに参加する若者は、自分の意思でここに通わなければならない。そのため、体調や精神状態によっては参加もまちまちだ。プログラムは基本、平日火曜から金曜の午前10時から午後4時までだが、本人の希望で週1回、1日1時間の場合もある。また当日欠席ということも多く、4人の若者がくる予定であったにもかかわらず、だれもこないといった状態になることも多々あった。

こうなると、キャピンからきた犬たちも世話をしてくれる担当者がいないので、時間を持て余してしまう。

あせっても仕方がないが、きちんと通ってくれなければ結果は出ない。

茨城県土浦市にあるキドックス・ファーム。建物の周りにはドッグランや畑などもある。

捨て犬、捨て猫の保護活動を行うNPO法人キャピンのアニマルシェルター。キドックス・ファームの犬はここからやってくる。

雄太も頭痛をかかえていたため、欠席をすることは少なからずあったが、本人の「変わりたい」という気持ちは、何もいわなくてもよく伝わってきた。

ここにくる日は、時間厳守でとにかく真面目だ。

ただ、きても体調が優れないときも多く、「今日の気分はどう」ときくと、「あまり良くない」や良くても「まあまあ」ということが常だった。

それが犬と関わることでどう変わるかわからないが、犬に特別興味のない雄太が、犬といっしょにいて楽しいと感じてもらえることが初めの第一歩だ。

そこでカイトの出番である。

カイトは元気で活動的、人なつこく、実にあつかいやすい犬だった。

排泄物さえ取れない今の雄太に犬の良さを知ってもらうには、だまっていてもシッポをふってくれるカイトのような犬が一番いい。

案の定、雄太がプログラムに参加してから1か月がすぎたころには、カイトと接する時には笑顔をみせることが多くなった。

自らアプローチしてくるカイトが、引っこみ思案の雄太の心のとびらをたたき、そのとびらを少し開けるまでに至ったのだ。

最初は週1回からのスタートだった雄太のプログラムは、本人の希望で3回に、そして2か月がすぎたころには、週4回と、カイトとすごす時間を増やしていった。

カイトの社交的な性格も手伝って、雄太が犬といる時間を楽しめるようになるまで、時間は長くかからなかった。

そんな雄太をみて、琴美は雄太にカイトを担当させて本当に良かったと思った。

まずは第一段階クリアである。

次なるステップは、犬のトレーニングに取り組むうえでの「犬と人間」の関係づくりだ。

キドックス・ファームのプログラムでは、若者が犬のトレーニングを行う課程もふくまれている。

ただ、ここで行うトレーニングはごく基本的なものだけだ。

例えば、「スワレ」「フセ」「マテ」など、飼い主と生活するうえで、必要不可欠なことを、キドックス・ファームのドッグ・トレーナー、里見潤の指導のもと、若者たちが犬に教える。

これもアメリカのプロジェクト・プーチと同じやり方である。

ここでのトレーニングは、簡単なしつけのひとつにすぎないが、ここにくる犬たちのほとんどは、人間に捨てられた犬や、人間と暮らしたことのない野犬で、様々なトラウマがある。人間が苦手で、人間不信におちいっている犬も多く、基本トレーニングだけといっても教えるのは簡単なことではなかった。

大切なのはトレーニングそのものよりも、トレーニングを通して築く、人間と犬との関係づくりだった。

どんなトラウマを持った犬でも、根気よく接し、信頼関係を築くことで、犬は変わっていく。

そして、その犬の変わっていく姿が、多くの「自信」を若者にあたえてくれるのだ。

例えば、だれにでも経験があるだろう。こえるべきハードルが高ければ高いほど、乗りこえたときの達成感や充実感は大きく、それが大きな自信へとつながる。

今までおびえてだれにも近づかなかったような犬を自分が世話をし、トレーニングをして時間をかけて、信頼関係を築きあげたとしたら、それはまちがいなく自分の力であり成果だ。

そこに自信が芽生えないはずはない。

しかし、今の雄太には、過去に「達成感」「充実感」「自信」をわずかにでも得た、という経験がない。そんな雄太には、ジョアンがいったように高いハードルではなく、低いハードルをまずあたえてあげることから始めなくてはならない。

その「ハードル役」が、カイトだ。

カイトは、元捨て犬でも、群をぬいて人なつこいから、トレーニングもやりやすい。

そのカイトをトレーニングし、信頼関係を築くことで、小さな達成感、充実感を味わい、まずは雄太が小さな自信を持てるようになる何かが大切だった。

そんなカイトだから、トレーニングもトリーツ（おやつ）を使えば簡単に入れるはずなのだが……。これが、なかなかうまくはいかなかった。活発で社交的なカイトに奥手で表現下手な雄太があっさりと主導権をにぎられてしまったのだ。

トレーニングのはずが、カイト主導の遊びのような状態になってしまっている。

こうなると雄太はお手上げだ。もともと、相手の心情を読むのが苦手で、自分のいいたいことや、やるべきことを整理することが苦手な雄太には、ここで自分がどう立ちふるまえば、カイトとの遊びではなく、トレーニングになるのかがわからない。

そんな雄太をみかねて、トレーナーの里見がアドバイスをした。

雄太はといえば、トレーナーの里見にいわれたことはやるが、時間が経つとトレーニングを止めて何もせずに、ただ座っている。そして、また里見に声をかけられるとトレーニングを開始する、といった感じだった。声が小さくはっきりしないうえに、表情がとぼしいため、犬には指示がわかりづらい。犬は人間が出す様々なコマンド（指令）で、指示を覚えるのだが、声にしろ、ゼスチャーにしろ、表情にしろ、そのコマンドを明確、的確に出すことが大切なのである。

それが今の雄太には何ひとつ備わっていないため、当然、カイトはいうことをきいてはくれない。

それでも、カイトとすごす時間は楽しいらしく、ここでみせる雄太の笑顔の数は確実に増えていった。

そのカイトに新しい飼い主がみつかったのは、雄太がキドックス・ファームに通い始めて3か月がすぎた9月のことだ。

そのころのカイトはようやく雄太のコマンドをきくようになり、トレーニングらしき形もできあがっていた。雄太のやる気は、このころにはどんどん上向きになっていた。

そんな矢先のカイトの旅立ちだった。

せっかく雄太がなれてきたところで、おしいと思う気持ちが琴美のなかに無くはなかったが、これはカイトにとって新しい旅立ちであり、大いに喜ぶべきことだった。

性格も良く、年齢も若いとなれば、飼い主がすぐにみつかるのは当然のことだろう。

「雄太さん、カイト、すっごくいい飼い主さんみつかって良かったね！　せっかく仲良くなれたのに残念だけど……。でもカイトが幸せになれるんだから、いっしょに笑って見送ってあげようよ」

雄太が落ちこむのではないかと琴美は心配したが、カイトが新しい飼い主のもとへいく時、雄太が別れのさびしさをみせることはなかった。
しかし、次の担当犬と接する時、雄太はカイトと築きあげた目にみえない「きずな」にようやく気づいたのか、かなり意気消沈しているようにみえた。
何も話さない雄太からは、真意を知ることはできなかったが、琴美は、カイトとの別れで落ちこむ雄太のなかにわずかな手ごたえを感じていた。

****

〈キドックス・ファームでのドッグ・プログラム〉

10時までに、琴美とスタッフが、キャピンのシェルターに犬をむかえにいき、
キドックス・ファームに到着

雄太が初めてトレーニングを担当したカイト。

新しい飼い主のもとへ旅立っていったカイトの写真を整理する雄太。

10時　朝礼、準備（じゅんび）、草取り
10時30分　散歩、健康チェック、ケア（ブラッシング、耳そうじ、歯みがきなど）、
　　　　　トレーニング
12時　昼食（各自弁当（べんとう）持参）
12時40分　午後のプログラム
14時10分　ドッグトレーニング、散歩
15時　そうじ、片（かた）づけ
15時30分　1日のふりかえり
16時　終了、帰宅（きたく）

＊＊＊

4．はるかとポチ

キドックス・ファームにきて、川田はるかが初めて担当した犬はポチという大きめの雑種だった。

はるかがここに通いはじめたのは、今から4か月も前だが、参加当初は週1回、1日1時間だけ、しかも母親がつきそってのプログラム参加だった。

それでも当初のはるかにとって、外でだれかと何かをする、ということは大変なチャレンジだった。キドックス・ファームから帰るとつかれて何もする気がおこらず、寝てしまい、翌朝もなかなか起きられないこともしばしばだ。

しかし、緊張でつかれながらも、その後は、週1回、数時間をここですごせるようになり、さらになれてくると、週1回、朝から夕方までプログラムに参加して犬と接するまでになった。

そして、マイペースながら犬の世話をしたり、散歩をしたりするうちに、緊張でいつもこわばっていたはるかの顔に笑みがみられるようになり、牛歩なみの進歩ではあるが、4か月がすぎたころには、週2回通うまでになっていた。

動作のひとつひとつは、かなりゆっくりではあったが、犬のケアは人一倍ていねいに行う。

そもそも、はるかは人の悪口をきくのも苦手なほど、心が繊細で優しい子だったから、犬をかわいいと思い、命を大切にしたいと思う気持ちは人一倍強いのだろう。

ここしばらくは当日の欠席も減ってきていたし、責任感もあるのだから、そろそろはるかにも担当犬を任せていいと琴美は考えていた。

「はるかさん、そろそろ担当の犬、例えば、ポチのお世話とかしてみる？」

琴美の言葉に、めがねの奥のはるかの目が一瞬大きくなった。

はるかに担当を任せようと思った犬、ポチは、仲間のペーといっしょに茨城県下妻市の犬捨て場といわれる小貝川のほとりにいた野犬だった。年齢は推定7歳。

近所に住むおばあさんにかわいがられていたせいか、ポチもペーもおばあさんには気を許していたが、生まれながらの野良気質からか、異常なまでに臆病でいつも穴をほってそのなかにかくれ、周りを警戒していたという。

ところがそのおばあさんが突然亡くなってしまったため、キャピンでポチとペーを保護することにしたのである。

野良犬あがりで臆病でありながら、2匹は人間に対する攻撃性がなかった。

おばあさんに餌をもらっていたことが功を奏したのだろう。

琴美がキャピンにいった時も、琴美をみるとシッポを小刻みにふり、敵対視することはなかった。ほえたり、とびついたりという興奮した様子もない。

琴美は、ドッグ・トレーナーの里見に、この2匹をキドックス・ファームのドッグ・プログラムに参加させてはどうかと相談した。

相談を受けた里見は、早速キャピンに出向き、ポチとペーの性格テストを行うことにした。

キャピンからキドックス・ファームのドッグ・プログラムに参加している犬たちは、無作為に選んで連れてこられるわけではない。

プログラムに参加している若者たちとの適性を見極め、選んで連れてくるのである。

里見は、キャピンに出向き、様々なテストを2匹に試みた。

まず、体をさわっても平気かどうか。ポチは、目をそらすものの、リラックスしている様子で受けいれている。シッポは下がってもいなければ、上がってもいない。

つまり、喜んでいるわけでもこわがっているわけでもないということだ。

顔はさわられるのをいやがっているが、里見の手から顔をそむける程度で攻撃性はない。

次いで、食べ物に対する執着度、おもちゃに対する反応もテストする。

食べ物に対しては、フードの入った食器を動かすと、食べたいという本能から下げた食器を追ってはくるが、皿を取ろうとする人間への威嚇も攻撃性もない。

おもちゃに関しては、ポチはおもちゃなどみたことがないのか、ピーピーと音の出るおもちゃに違和感を示した。

「いくらおばあさんに餌もらってても、野良犬だったから、おもちゃで遊んだことなんか、ないよなあ……」

妙に納得したように、里見がいった。

里見は、他にも他犬への反応、室内に入れた時の反応、さらにはトレーニングに関しての反応もテストした。

（おばあさんが世話をしていたおかげで、人には抵抗なし。問題ないな。河原で他の数匹の野良犬といっしょにいたせいか、他の犬に対しても攻撃性はない。ただ……マテやフセなんかのしつけは全くされていない。まあ、飼い主がいないんだから、当たり前のことか）

「うん、当たり前だな……」

自分に念をおすように、里見は何度も同じ言葉をくり返した。

ポチもペーも、ずっといっしょに兄弟のようにいたせいか、若干ペーの方がシャイという性格のちがいはあるにしろ、人は好きなようで、テストに関しては同じような結果だった。

里見はテストの結果を受けて、トレーナーの立場から、キドックス・ファームのプログラムに2匹を受けいれることを琴美にすすめた。

こうして、ポチとペーがキドックス・ファームにきたのは、1年前の春のことだ。

その後は、他の若者が担当していたため、ポチにもペーにもすでに基本的なトレーニングが入っており、この1年間で野良犬特有の臆病さや警戒心がとけ、元来人好きの性格と重なって、フレンドリーであつかいやすい犬に成長していた。

ポチは、体重が20キロほどある大きめの中型犬で、毛が茶色でふわふわと長いミックス犬だった。体が大きくて動作はのんびり。性格もマイペース。今では人になでてもらうのが大好きだ。

「はるかさん、今日からポチの担当だよ。よろしくね」

朝礼で、琴美がはるかにそう伝えると、はるかはめがねの奥の目を大きく見開いてかなり緊張した様子で小さな声で「はい」と答えた。

ポチはふさふさのシッポを大きくふって、じっとはるかを見返している。

初めての担当犬を目の前に、「責任」という言葉がはるかの頭のなかによぎった。

トレーナーの里見(さとみ)の適性試験(てきせいしけん)の結果、キドックス・ファームにやってくることになった、ポチ（左）とペー。

午前10時半、初めての担当犬との散歩が始まった。

季節は1年のなかで、散歩が一番楽しい秋晴れの朝だった。

「ポチ、おいで。お散歩にいくよ」

はるかが声をかけてポチを呼んだ。担当犬を持ったことはなくても、キドックスに通いはじめてから他の犬では何度もやってきたことだ。それ自体は難しいことではなかった。

しかし、自分の担当の犬だと思うと、とたんに大きな責任を感じる。

ポチがトコトコとシッポをふって、はるかのところにきた。

こちらもキドックス・ファームに通う犬としてはベテラン犬なので、なれたものだ。

はるかが緊張しながらポチに首輪をつけ、リードをつけた。

たかが首輪とリード、と思うかもしれないが、野良犬生活が長い犬のなかには、体を束縛される首輪やリードを極端にこわがる犬も多く、首輪とリードになれるまでに1か月、2か月とかかる犬もいる。人間と暮らしたことがない犬を人間社会になれさせる、というのはそれほど大変なことなのだ。

もちろん、担当犬を初めて持つはるかにそんな犬を任せるわけにはいかないので、琴美はスタッフと相談して、ポチを選んだのである。

ポチは散歩でもそこそこ上手に歩けたが、猫をみると追いかけるくせがあり、そうなると体が大きい分、人間の力ではなかなか制御できない。

はるかは、そんなポチの欠点をあらかじめきいて知っていたので、しっかりリードを持って周囲に注意しながら散歩に出た。

散歩に関して他には何も問題なかった。

散歩の途中、知らない人が通りすぎてもほえることもないし、車が通ってもこわがることなく歩くことができた。

20分ほどの散歩を終えてキドックス・ファームに戻ると、はるかは大きなため息をついて、ポチのリードを外した。

ほっとした。幸い、今朝は猫に遭遇することなく、無事初日の散歩を終えたのである。

「……ポチ、お利口さんだったね」

はるかは、小さいながらもはっきりとした口調でポチをほめて、体を何度もなでた。人が好きなポチは、人に体をさわられるのも大好きだ。

ポチがうれしそうにシッポをふって、大喜びしながらはるかに大きな体をすり寄せた。

散歩が終わると、お手入れといわれるケアの時間だ。

まずはタオリング。タオルで全身をふいて、散歩の時についた汚れをおとす。

ポチはおとなしくしている。次いで、ブラッシングも問題なし。ただシッポをさわられるのは苦手なようだ。ふさふさしたシッポにブラシをかけようとすると、いやがって身をよじってしまう。相手のいやがることはしたくない性格からか、ポチがいやがるとはるかはすぐにやめてしまう。子どものころいじめにあい、他人からさんざんいやなことをされた経験から、はるかは相手がいやがっていることをするのがこわかった。

しかし、犬にとっては苦手なことを克服することも、人間と暮らすうえでの幸福の条件となる。例えば、車に乗るのが苦手な犬よりは、車が大好きな犬になった方が、病院でも旅行でもどこでもストレスなくいけて、犬も人間も幸せだ。

苦手なことを克服させるということは「いやがることを無理強いする」という意味ではない。「こわい」と思っていることや「いやだ」と思っていることがこわくない、実は楽しいことなんだ、と犬に気づいてもらうことなのだ。

だが、苦手なことを上手に犬に克服させるまでの精神力もノウハウも、そして自信も今のはるかにはなかった。

ポチのいやがるシッポの部分をとばしてブラッシングを終えると、はるかはポチの耳そうじ、歯みがきを行った。ポチはおとなしく、はるかに身をゆだねていた。

相手が受け入れてくれると、はるかの犬に対するケアはだれよりもていねいだった。

ただ、ひとつのことに集中しすぎて、徹底しすぎるところがある。

ほどほど、ということや、折りあいをつける、ということがはるかには苦手だった。

ケアが終わり、トレーニングの時間に入った。

他の担当者や里見たちスタッフのおかげで、この1年間でポチは多くのコマンドにきちんと反応できるようになっていた。

「ポチ！　オスワリ！」

はるかがいうと、ポチはさっとはるかの目をみて座った。

「フセ」や「ハウス（移動用の犬舎）に入る」も上手にこなしたが、「マテ」と「オイデ」は完璧とはいかないようだ。

はるかは、自分が担当したからには絶対に、このふたつのコマンドも成功させてみせようと思った。

「ポチ！　マテ」

はるかはポチを手で制すると、「マテ！」と再度いい、その場をはなれた。

ポチがもぞもぞしている。

「オイデ！」

はるかの声と同時に、ポチがはるかに近づきシッポをふった。

「いい子だね！　ポチ、上手にできたね！」

いいながらはるかはトリーツをポケットから出してポチにわたした。

再び同じことをくり返す。

今度は失敗だ。待ちきれないポチが、コマンドを待たずに、歩きだしてしまった。

どうすればちゃんとうまくいくのか——。

はるかは、近くにいたトレーナーの里見に質問をしようと思ったが、何もいえず、里見をちらっとみやった。それに気づいた里見が、はるかにトレーニング方法をアドバイスした。はるかは真剣な顔で、そのアドバイスに耳をかたむけ、何度もうなずいた。

午後も、はるかは根気よく、ポチのトレーニングに打ちこんだ。

その日は気がつけば、あっという間に帰る時間になっていた。

むかえにきた母親が表で車を止めて待っている。

今は送りむかえだけで、母親がキドックス・ファームで四六時中、はるかの様子をみているということもなくなった。いい傾向だ。母親との距離も少し置けるようになった証拠である。

はるかはあわてて帰り支度をすると、「またね……」と小さなすき通った声でいうと、名残おしそうにポチをだきしめた。

ポチの大きなシッポが、何度も何度も左右にゆれ、はるかのほほをなでた。

1日がこんなに早く感じたのは生まれて初めてだった。


早起きが大の苦手なはるかが、ポチを担当するようになってからは、以前よりうんと早くキドックス・ファームにやってくるようになった。

ポチに会いたくて仕方がなかったからだ。

ポチはポチで、はるかが自分の担当になったのを理解しているのか、朝、はるかがキドックス・ファームにくると一番に出むかえ、シッポをブンブンふって大喜びだ。

ポチのシッポは立派で、その感情がはるかにストレートに伝わる。

当然、そんな出むかえ方をされて、はるかもいやなはずがない。ポチに対する気持ちは担当になってから一気に特別なものへと変化していった。

ポチとのトレーニングはとにかく楽しかった。感情がストレートに出て、いっしょに何かをしているという達成感が、はるかに出てきた。

同時にポチのためなら何でもしてあげたい、と思う気持ちがわいてきた。

その気持ちが徐々にはるかを積極的な人間に変えていった。

わからないことがあると、はるかは自ら進んで里見に質問した。

以前なら、自分から手をあげて質問するなど考えられなかったことだ。

「すみません……里見さん、ポチがどうしてもマテができなくて……」

「トリーツを出すタイミングを少し変えてみてくれる？」

里見にいわれると、はるかは素直に「はい」と返事をして、その通りポチを指導した。

「ポチ、マテ！」

犬のトレーニングで大切なことのひとつは、コマンドの明確さとアイコンタクトだ。

はるかはじっとポチの目をみた。

琴美はその様子をみて、相手が人間なら、はるかはあれほどまで相手の目をじっとみることはできないだろうと思った。

しかし、相手の目をみて話すことは、社会人として生きていくうえでの必要条件だ。その大切さを、はるかはきっと犬との関わりあいのなかで、気づいていてくれるはずだった。

アイコンタクトがうまくできるようになると、ポチがコマンドを拒否した時でも、自分なりに工夫して、ポチを上手に誘導できるようになってきた。

ケアでは、ポチが苦手なシャンプーも克服できるよう、自らも率先してチャレンジした。犬に苦手なことを克服させることは、はるかにとって、自分の苦手なことを克服することだからだ。しかし顔周りだけは、こわくてどうしても自分で洗えない。

「目にシャンプーが入ったらどうしよう」「耳に水が入ったらどうしよう」

ポチのことがかわいいだけに心配で仕方がないのだ。

そんな時は、迷わず、琴美やスタッフたちに手伝いを求めた。

どっちつかずだったはるかの動作が徐々に変化し、問題に直面した時、どうするべきかを判断し行動に移せるようになったのだ。

例えそれが、琴美やスタッフに助けを求めるだけの行為であっても、大きな進歩だ。

ポチの担当(たんとう)をすることにより、はるかの行動には積極性(せっきょくせい)がみられるようになった。

はるかが自分よりポチのことを優先し、ポチのためになることを率先してやろうとしていることが、はるかを受け身の人間ではなく、自ら考え、行動できる人間に変えつつあった。自分のことならなかなかできないのに、大好きなだれかのためなら、頑張れる――、といったところだろうか。しかもその「だれか」が言葉を持たない「犬」だとしたら……？

言葉がないだけに、相手の気持ちにうんと寄りそい、相手の気持ちをできるだけ正確に理解したいと思うだろう。その犬への気持ちが、はるか自身を変化させているのだった。

その変化が、琴美には、我が身のできごとのようにうれしく思えた。

人間が、人間らしく生きていくために最も必要なのは、「居場所」と「出番」なのである。

はるかはその「居場所」と「出番」をポチという犬によって、みつけだそうとしていた。

5．雄太とペー

カイトが旅立って、2か月がすぎていた。

ポチの相棒、ペーを担当することになった雄太は、「うーん……またか……」と思った。ペーは、シャイで自己主張をあまりしない犬だったが、キドックス・ファームに通うようになってから、人に構ってもらうのが大好きで、「散歩にいける！」「トレーニングが始まる！」となると、うれしくて大興奮。「ワンワン」とほえるようになっていた。

これを「要求ぼえ」という。

人間で例えると、「ねえねえ、はやく散歩連れていってよ！」「ご飯ちょうだいよ！」「遊んでよ！」という「お願いごと」を表す犬側のコマンドだ。

気持ちはわかるが、「要求ぼえ」に人間が応えていると、自分の思い通りにならないと、その思いが通るまでほえ続ける犬になる。想像しただけで飼い主は苦痛だ。
「要求ぼえ」が多いペーには、それを止めるようにトレーニングしなくてはならない。

キドックス・ファームに通いはじめて1年以上経つペーは、そのトレーニング好きのおかげか「お手」「オスワリ」「マテ」などの基本的なコマンドは一通りすべてできていたが、あまりにも人と何かをするのが好きで、この要求ぼえだけはいっこうに直ってはいなかった。

ペーは真っ白な和犬のミックスで、カイトを少し大きくしたような感じの中型犬だった。体は大きくないが、声は甲高くよく通る。この声で「あれして！　これして！」とほえられたら、ふつうの家ではたまったもんではないだろう。

とにかく新しい飼い主の家にいく前に、要求ぼえを直さなくてはならない。

その日の朝も、雄太がリードを持つやいなや、ペーはワンワンほえ続けた。

散歩に大興奮だ。

「雄太くん、早くリード置いて！　知らん顔して！」

里見が、雄太に手早くアドバイスすると、雄太は「やれやれ……」といったゆっくりした動作で、リードを置き、ペーに背を向けた。

面倒くさいといった態度が、雄太からはありありとうかがえる。

（何度、同じことをやれば気が済むんだ……いいかげんにしろ！）

その気持ちがペーに伝わったのか、ペーは、きょとんとして一瞬様子をうかがったが、再び大きな声でほえはじめた。

「犬は、一瞬にして人間の心をみぬくからね。ごまかしはきかないよ」

犬は人の顔をみる。人の心を読む。人間が犬につけたリードを持った瞬間、犬はその人間をどんな人間なのか判断するという。

同じ犬なのに、お父さんのいうことはよくきいて、おかあさんのいうことはまるできかない、というのは犬が人をみて自分の行動を判断できる能力があるからだ。

ペーにも雄太の気持ちがそのまま伝わっている。

面倒くさいという気持ちや、イライラがしっかりと伝わっているのだ。

ペーのことに限らず、社会に出て仕事をすれば、いやなことは多々あるだろう。そのたびに感情を表に出していては、社会では生きていくことはできない。

上手に自分の感情をコントロールし、上手に相手とやっていくことが大切だ。

「雄太君、感情を出さずに、ペーが要求ぼえをしたら背中を向けて無視するんだ。きこえていないふり！　それも素早くね」

「……はい！」

しかし、何度やってもダメ。とうとうその日は、根負けして散歩に連れだしたものの、ペーは、車をみて「ワンワン！」、バイクをみて「ワンワン！」と追いかけようとする。

このままでは、散歩中、車やバイク、自転車に接触して大けがや大事故にあう危険もあるため、飼い主の指示で、乗り物が近くに通っても待つことができるようトレーニングもしなくてはならなかった。

「やれやれ……」

言葉にこそ出なかったが、ため息が雄太の口から思わずもれた。

朝、ここにきてからまだ2時間と経っていないのに、一体何度ため息をついただろう。

散歩のために、雨具を身につけたペー。

ペーは活発で人間が好きだったが、あつかいやすい犬では決してなかった。

あまりにもしゃくに障るとばかりをするので、雄太はペーが自分のことをきらいなのではないかと思いはじめた。

一度そう思いはじめると、そのことで頭がいっぱいになり、雄太はペーの目をみることができなくなってしまった。

犬は、一瞬にして人間の心をみぬく――、という里見の言葉がこわくなった。

自分のペーをうっとうしいと思う気持ちをペーはみぬいて、自分にいやがらせをしているのかもしれない。

そう思うと、またため息が出た。

しかし、ここにいる限り雄太の担当犬はペーで、朝から夕方までの時間をペーといっしょにすごさなければならない。

どうすればいいのか……。

ごまかせないのなら、ごまかさないでやるのが一番いい。そんなことは雄太にもわかっている。それができれば苦労はないが、できずにいるから困っているのだ。

解決策はひとつだった。つまりペーの無駄ぼえに背を向けず、真正面から向きあうこと――。

わかっている。頭ではわかっているが、できない。

そう思うと余計にイライラした。

いやなことからにげてきた自分を変えたくてここにきた。

きらいな自分と別れたくて、ここにきた。

苦手なものと向きあい、克服してこそ「好きな自分」と出会い、変わっていけるのだ。

そして、その苦手なものとはまさに目の前のペーの無駄ぼえだった。

ペーの無駄ぼえが「苦手なものに向きあえない自分」を責めているようにきこえた。

雄太はこの時、真剣に、ペーに向きあおうと決心した。

ごまかさず、きちんと向きあえばペーは無駄ぼえを止めるのではないか……。

するとその気持ちがペーに伝わったのか、雄太がペーとの向きあい方を変えたとたん、ペーの様子も変化してきた。

これほどまでに、自分の気持ちがペーにストレートに伝わるものなのか……。

これほどまでに自分の気持ちが相手に伝わるなら、自分がいいように変われば、相手にも「いい変化」が伝染するということだ。

自分が変われば、相手の自分に対する態度も変わるのだ。

そう自然に思えた瞬間、心も体も急に楽になった。こり固まった頭と肉体が解放されたような気持ちだった。

「ペー、オスワリ」

ペーが雄太の目をみて座った。

「よーし、いい子、いい子だ！」

雄太がトリーツを差しだし、ペーをなでた。

「ペー、お手！」

「おかわり！」

その様子を、琴美はみて「あれ？」と思った。となりにいた里見と目が合った。

「よーし！　よーし！　ペー！　いい子だ！」

何と、雄太の声にしっかりと抑揚がこめられている。

口から発せられる言葉には、雄太の感情がしっかりと表れているではないか。

ペーは、雄太が担当するまでに、他の担当者によってすでに基本的なコマンドをマスターしていたため、上手にできるのは当たり前のことなのだが、雄太のペーをほめる口調の変化に、琴美も里見もおどろきをかくせなかった。

雄太がペーに対して表面だけではなく、本気でつき合おうと思ってきた証拠だ。

その気持ちが、ペーに話しかける言葉の抑揚を大きくしているのだ。

「ペー、フセ！」

すると、ペーがまちがって「お手」をした。

「ペー、フセ」

雄太は、トリーツをにぎったこぶしを、ゆっくりとペーの目の前から下げてゆかにつけた。

こぶしに目がくぎづけだったペーが、ゆかの上の雄太のこぶしに鼻をつけた。そのタイミングで、雄太がすかさず、ゆっくりとペーの背中を「フセ」といいながら押した。

ペーはこぶしから目をはなさずに、ゆっくりとフセのポーズをとった。

「そう！　そうそう！　いい子だ！　いい〜子だ。ペー！」

満面の笑顔で、雄太は大きな声でペーをなでた。

「いい子！　いい子！」

ペーがブンブンシッポをふって、雄太のこぶしのなかのトリーツを手にいれた。

「さあ、ペー、もう1回！　フセ」

ペーがまた「お手」をした。

同じようにトリーツをにぎったこぶしを、ペーの目の前でゆっくりと下げて、ゆかにつけた。

ペーが雄太のにぎりこぶしをじっとみて、それに合わせて同じように伏せた。

「そう！　そう！　それでいいんだ！　ペー！　すごいぞ！　すごいぞ！」

散歩のあと、ペーの面倒をみる琴美（左）と雄太。

散歩では、ペーは相変わらずの大興奮だった。

雄太は、ペーがほえると同時に、リードをリードかけに戻し、素早く後ろを向いて無視した。

ペーがほえ続けると部屋のなかに入ってひたすら無視。

もう雄太の口から、ため息はもれてこなかった。

〝ペー、ほえなくても散歩にいけるんだぞ！　ほえなければ、楽しく歩けるんだぞ！〟

雄太はひたすら心のなかで、そういい続けた。

ペーが「どうしたの？」という顔でほえるのをやめた。

ほえても無駄だと気づいたのか、だまってオスワリをして、雄太がいる部屋のなかをみつめている。

その瞬間、雄太は部屋から出て散歩のリードを手に取った。

ペーがほえた。再びリードを戻して無視。

それを数日間にわたって何度か根気よくくり返すと、ペーはほえると散歩に連れていってもらえないと学習し、リードを取ってもほえなくなった。

ほえなければ、ちゃんと散歩にいける、と犬が思うようになればトレーニングは成功だ。

犬のトレーニングは実に根気がいる作業だ。

単純で小さなことを、何度も何度もくり返さなければならないし、コマンドも明確でなければならないため、テキパキと指導しなければならない。

さらに犬は、人間の気持ちをみぬくため、本気でやらないと犬に相手にされなくなる。

「ごまかし」はきかないというのが、犬相手の接し方なのだ。

逆に一度信頼関係ができると、犬はとことんその相手を味方だと信じ、心を許してくれる。

こうなるとこれほど愛しい「相棒」はいないのだ。

キドックス・ファームに通いはじめたころの雄太は、犬に対してごまかしてばかりだった。

それは自分をもごまかしているということだった。

ところが、「ごまかし」は通用しないと知った雄太は、ごまかすことをやめ、犬に真剣に向きあうことを選んだ。

真剣に向きあうことは根気を要する。

向きあうことを決心した雄太は、知らず知らずのうちに根気を身につけ、その根気が犬に伝わり、犬との信頼関係を築けるようになってきたのである。

「さあ！　ペー、お散歩にいくぞ！」

雄太がリードを持つと、ペーがシッポをブンブンふって、キュンキュンいった。

ここでほえたら、散歩にはいけない。

雄太は、しばらくペーをじらすかのようにリードを持ったままペーをみた。

「ペー、オスワリ！」

いうとペーが座った。

「ようし！　ようし！　いい子だ！　ペー」

雄太がポケットからトリーツを取りだして、ペーに差しだした。

そして大げさにリードをみせて、「散歩いくぞ」といった。

ペーがほえたい気持ちをぐっとおさえているのがわかる。

雄太がようやくペーにリードをつけた。

雄太がうながすと、ペーが元気に歩きだした。

ペーがほえて失敗しても、またか……という態度は雄太のなかからは消えさり、心からペーのために一所懸命になっていた。

やがて散歩が終わるころ、雄太はビニール袋を裏返して、ペーの落とした排泄物を手なれた仕草でひょいと拾った。

「ペー！　今日のウンチはいいぞ！　いい子だ！　元気な証拠だな」

雄太はペーの健康状態をチェックすると、ペーをめいっぱいなでた。

ペーがブンブンと真っ白なシッポをふった。

カイトの排泄物をさけていたころの雄太とはおおちがいだ。

ペーの排泄物の入ったビニール袋が、今はしっかりと雄太の手ににぎられている。

それは、ペーへの愛情のバロメーターとなって、ペーの心にしっかりと届いていた――。

６．ポチとペーの旅立ち

ポチとペーがキドックスにきてから、２度目の冬がきた。

２匹はキドックスのなかではすっかり古株だ。

その２匹の世話をしているはるかと雄太も、キドックス・ファームのプログラムに通い始めて半年ほどがすぎていた。こちらもやはりキドックス・ファームのなかでは古株となっていた。

この半年でふたりは大きく変わっていた。

はるかは、ポチがかわいくて仕方がないのか、プログラムに参加する日は朝からフルで参加するようになった。

雄太も頭痛で体調が優れない日でも、休むことなくくるようになった。

ふたりにここまで大きな影響をあたえたのは、ポチとペーだった。

そのふたりと2匹にとって、明日は特別な日になるだろう。

琴美はそんなことを考えながら、その日はいつも以上に注意深く、ふたりの表情や様子をみていた。

「雄太さん、明日、いよいよポチとペー、新しい飼い主さんのところへトライアルにいくけど、いっしょにお届けいくよね？」

古株犬、ポチとペーが新しい飼い主のもとへ「トライアル」にいくと決まったのは、２０１４年の年の瀬がせまったころだった。

飼い主がみつかった犬は、このトライアルというお試し期間を新しい家族のもとですごす。そして、たがいの相性を確かめてから「譲渡＝譲る」という形で旅立っていく。

おたがいみただけ、会っただけではわからないことが多いため、ある一定のお試し期間を設けて、いっしょに暮らし、おたがいのことをよく確認してから本当の家族としてむかえるためだ。犬にしろ、人間にしろ、相性が悪いもの同士がいっしょに暮らしては、おたがい不幸だ。

なかには先住犬がいる家庭も多いため、犬同士の相性を確認する意味でも、この「トライアル」はみんなのために必要不可欠だった。

そのトライアルのためのお届けが、明日にせまっていたのだ。

お届けには、雄太もいっしょにいくといっていたが、その言葉には、力が全く入っていなかった。

本当にいけるのかどうか、琴美には不安があった。

「はるかさんは、大丈夫？」

「……はい。ポチに本当の家族ができるんだから、とてもうれしいです。ポチには幸せになってもらいたい」

はるかはポチをなでながら、しっかりとした口調で自分の気持ちを伝えた。

トライアルが成功すれば、ポチとペーは、もうここには戻ってはこない。そうなればふたりが2匹とすごせる時間は、今日が最後となる。

そしてその日もいつもの朝が始まり、いつものように散歩が終わり、いつものようにケア、トレーニングと時間がすぎていった。

はるかはポチとの最後の時間を大切にするかのように、いつも以上にケアとトレーニングを念入りに行った。終始笑顔でポチの旅立ちを心から喜んでいる様子だ。

一方、雄太はといえば、こちらもふだん通り変わりはなかった。

冬至を間近にむかえたこの時期は、日がかたむくのが一段と早い。

プログラムを終えた4時すぎには、寒さが一段と増して、別れのさびしさを倍増させた。

「ポチ、明日、いっしょにお見送りにいくからね……」

帰り際、はるかがポチをだきしめた。

ポチが大きくシッポをふった。

その様子を見届けてから、琴美が雄太をみた。

「雄太さん、明日ね！」

雄太は、琴美の言葉に小さく会釈して「あ、はい……」とだけ答えると、ペーをなでることもせず、見向きもしないで駐車場へと歩き、むかえにきていた母親の車に早々に乗りこんで帰っていった。

ぺーとのプログラム最後の日なのに、1日のふりかえりでも、ぺーのことには一切ふれなかった。

そして……、雄太からの連絡は今時の若者らしく、朝早くにメールで琴美のもとへ届いた。

〝今日は、休みます。ぺーとの別れがかなりきついです。申し訳ありません……。どうしても、いけません……〟

これを肯定的にとらえていいのかどうか、琴美は解釈になやんだ。

カイトの時には、犬の排泄物さえ拾えなかった雄太が、今では担当犬との別れが精神的につらくて落ちこんでいる。この事実は、それほど雄太がぺーを大切な存在だと思い、その関係を築きあげた証だともいえる。

しかし否定的にとらえると、大切な相手の門出をいっしょに喜ぶことができない自己中心的

ポチ

ペー

な行動とも取れる。

どんな人間にもこれらの感情は混在するが、その感情をコントロールできるか、できないかが社会生活での決め手となる。

自分のなかの感情コントロールがうまくいかず、自分でもどうしていいのかわからない、というのが雄太のなかの本音だろう。

一方、はるかは予定通り笑顔をうかべて、その日キドックス・ファームにやってきた。

キドックス・ファームがある茨城県土浦市から、その譲渡先までは、車で2時間ほどの距離だ。はるかはいつもどおりポチにあいさつすると、琴美らスタッフと2匹といっしょに譲渡先へと車で向かったが、車のなかでは終始無言だった。


ポチとペーの行き先は、東京都内の児童養護施設だった。

児童養護施設とは、児童福祉施設のひとつで、保護者のない児童や様々な事情で保護者と暮らすことが困難な児童を入所させて、生活面や、学業を指導しながら養育を行う施設のことだ。

そこに犬をむかえいれたいと思っていたスタッフが、キドックス・ファームの活動を知り、犬を引き取りたいと申し出たのである。

琴美はこの申し出に、すぐにポチとペーを思いうかべた。

人がとにかく好きなポチとペーだ。とくにペーは人と遊ぶのが大好きなだけに、子どもたちの最高の遊び相手になるだろうと考えたのである。

ここは40名ほどの児童が、一軒家に7名ずつ住み、兄弟姉妹のように助けあいながら仲良く暮らしている実にアット・ホームな施設だった。

当然、ポチやペーの世話も子どもたちが率先して行うことになるし、子どもたちも2匹をむかえることに大喜びだった。きっとこの日を心待ちにしていることだろう。

案の定、キドックス・ファームの車が施設に到着すると、スタッフも子どもたちもおおはしゃぎで大歓迎だ。

ポチとペーの立派な犬小屋も、日当たりや風通しが配慮された玄関横の軒下に準備されている。

施設内には、十分すぎるほど広くて、きれいに手入れされた中庭があった。

2匹と琴美たちはその中庭に案内されて、犬と暮らすうえでの注意事項を子どもたちに説明することになった。

そしてその役を買ってでたのは、はるか自身だった。

ポチの担当として、2匹のことを一番知っているはるかが、子どもたちにポチとペーについて説明することになったのだ。

人から注目されるのが何より苦手で、なるべく目立たないよう幼少の時をすごしてきたはるかが、大勢の子どもたちの輪のなかで、しっかりとした口調で、ポチとペーについて話をはじめた。

「ポチはとてもやさしくて、人が大好きな犬です。でも、猫をみると追いかけるくせがあるので、お散歩の時には気をつけてください。ペーは人と遊ぶのが大好きなので、たくさん遊んであげると、きっとみんなのことを大好きになってくれます。ただ、自分の思い通りにならないと、ときどきほえることがあります」

はるかは2匹の性格などを話すと、今度は、ポチとのトレーニングの成果を、子どもたちの前で披露することにした。

「ポチ！　オスワリ！」

ポチがさっと座った。

周りにいた子どもたちから「わあ！」という歓声があがった。

はるかは、多くの子どもたちやスタッフが注目するなか、緊張する様子もみせず、ポチに次々とコマンドを送った。

「ポチ！　マテ」

はるかがポチを手で制すると、反対側まで歩いていった。

「マテ！」

周囲がシーンと静まりかえるなか、はるかのすき通った声だけがかわいた冬の空気のなかにひびいた。

「よし！　こい！」

その声と同時に、弾丸のようにポチがはるかに走り寄っていった。

「すごーい！　すごい！」

パチパチと子どもたちから拍手がわきおこった。

はるかがほっとした様子で、笑みをうかべた。

最後は、ポチの得意な「ハイタッチ」だ。

はるかが手の平を広げて、それをポチの前にかかげると、ポチは自分の前脚をあげて、肉球をはるかの手の平に「タッチ」した。

「かわいい～！　お利口さんだ～！」

子どもたちのなかから大歓声があがった。

はるかは照れているものの、子どもたちから注目を浴びてうれしそうだ。

ポチの担当であることをほこりに思っているのだろう。

「ポチは、ちゃんとトレーニングもできて、とてもかしこい犬です。それから性格もとてもやさしくて、おっとりしていますが、やっぱり猫をみると追いかけちゃうので、お散歩の時は気

はるかに、得意のハイタッチをするポチ。

をつけてあげてくださいね」

「はーい！」

子どもたちがいっせいに声をハモらせて、元気いっぱい返事をした。

はるかは終始笑顔で、子どもたちを順番にみながら、犬を飼ううえでの注意事項を説明した。

ペーは琴美のとなりで、ポチとはるかをみながらゆっくりとシッポをふっている。その姿は、いつものペーとはちがってしょんぼりしてみえた。

そのさびしさが、新しいところに連れてこられた緊張感からなのか、担当の雄太がいないさびしさなのかはわからない。しかし、その様子はいつものペーでないことだけは確かだった。

やがて日が西にかたむき、施設の中庭に暗闇がせまってきた。

お別れの時だ。

「じゃあ、ポチ……、みんなにかわいがってもらって幸せになるんだよ……。絶対だよ……。幸せになるって……約束だよ……ペーもね」

はるかはポチとペーを何度もなでて、同じ言葉をくり返したが、やがて、自分で意を決したように「バイバイ」といって、2匹からはなれた。

2匹がゆっくりとシッポを左右にふってはるかをみた。

キドックス・ファームに2年近くいた古株犬だ。琴美も、2匹との別れには多少センチメンタルになってしまった。

「はるかさん……もう、大丈夫？」

「はい！」

その後、ポチが中庭を散策しはじめたすきをねらって、はるかはさっさと歩きだした。

はるかはふり返らなかった。

琴美はその後ろ姿を追いながら、はるかは今、どんな顔をして歩いているのだろうと考えていた。

7. 新たなる挑戦

ポチとペーのトライアルは成功し、晴れて2匹は、児童養護施設でこれからをすごすこととなった。

この報告を琴美から受けた時も、雄太が、ペーのことを自分から口にすることはなかった。

雄太は、ペーの見送りにいかなかった自分を、その後ずっと責め続けているように琴美には思えた。

そんななか、雄太はグリという犬を担当することになった。

グリは、兄弟犬と茨城県小美玉市の墓地に住み着いていた野良犬で、近所の住民からの通報でキャピンが保護した犬だ。同じ野良犬でも、人間に食事をあたえてもらっていたポチとペーとはちがい、とにかく人間を警戒し、保護するのにはかなりの苦労を強いられたという。

キャピンのスタッフが、にげまわる2匹を広げた毛布でやぶのなかに追いこみ、最後は素手で保護した。その時、スタッフの手は血まみれだったというから、2匹がいかに人間になれていなかったかは想像するにたやすい。

人間にかくれて暮らしてきたグリは、極度の人間不信で、追いつめられるとかむというやっかいな面があった。

かなり問題の多いグリだったが、キャピンのスタッフのたっての希望もあって、兄弟犬のグラといっしょに、この2匹をキドックス・ファームのドッグ・プログラムに参加させることにしたのだった。

しかし……。この2匹の担当はかなり難しい。

とくに、グリは、かむことで問題解決しようとするくせがあるので、要注意だった。

そのグリの担当に、雄太がいどむこととなったのだった。

最初の担当犬、カイトが「低いハードル」なら、グリは「かなり高いハードル」ということになる。この高いハードルを雄太は、とびこえられるのか……。

キドックス・ファームで初めて担当した犬、カイトをみた雄太はその「人なつこさ」がただ疑問だった。どうしてそんなに知らない人にまで明るく元気にふるまえるのだろう。

しかし、その人なつこい性格があったからこそ、雄太は犬をかわいいと思えるようになった。最初に心を開いてくれたのはカイトであり、受けいれてくれたのもカイトだった。

次のペーは、元気で人間が好きだったが、多少の問題行動があった。

最初はその問題行動にイライラしたが、こちらが真剣に向きあえば、やがて意思の疎通ができるようになった。

ところが、グリはちがった。

グリは人間をひどく警戒して、その警戒心は半端ではない。

人間に対する不安でゆかに座ることもできない。立ちっぱなしで休むこともできない。

真っ黒い毛並のなかで光るひとみはひときわするどく、簡単に信頼関係を築けそうな犬ではなかった。それでも、雄太はグリの担当になることを自らも望んでいた。

担当したカイトもペーも、人が大好きだった。そろそろ自分のために、正反対の犬を受け

茨城県小美玉市で保護された、グリ（左）とグラ。2匹は人間に全くなれていなかった。

持ってみたいというチャレンジ精神が雄太にあったからだった。

雄太はグリをみて、まずグリの心のなかはどうなのか想像してみた。

「この人間はなんだ？」「真面目なやつか？」「いい人間なのか？」「味方か、敵か？」

グリをみていて、雄太のなかには、そんな言葉が次々とうかんできた。

それは雄太自身が、他人をみた時、いつも思う言葉だった。

グリは自分と似ている――。直感的に雄太はそう感じた。

雄太のなかから自然と、グリとコミュニケーションを取ってみたい、と思う気持ちがわいてきた。それはごく自然なものだった。

グリとはどんな形で信頼関係を築けば一番いいのだろう――。

野良犬で自由にかけまわっていたグリは、当然、外が好きだったが、リードをつけた散歩では、全く勝手がちがった。

まず首輪にもリードにもなれていなかったし、人間といっしょに歩くという行為そのものが苦手で、上手に歩くことができない。

問題は散歩だけではない。頭をなでてあげようとすると、頭をさっと引いて、雄太の手をさける。その様子から、しつこくするとかむ可能性もあった。

表情はなく、ようやく座れるようになったかと思うと、部屋のすみっこでじっと丸まって警戒して、あたりの様子をうかがっている。

仲間だということを伝えるため、雄太が腰を落として、ゆっくり近づいても、後ずさりしてにげる。常に人間とは一定の距離を置き、警戒していた。

そんな状態のグリをみて、雄太が思いついたのは、グリの気持ちを尊重して、グリが楽しいと感じること、やりたいことをいっしょにやって、まず仲良くなるということだった。

人間が一方的に無理強いするのではなく、犬の心や要求をまず満たすことで、おたがいの関係が良くなるはずだ。グリはふつうの犬とちがい、人間を全く信用していないし、人間といっしょにいることに大きなストレスを感じていた。グリに必要なのは、「人間はこわくない」「人間といると自分にとって楽しいことがある」と感じてもらうことだった。

グリをみていると、カイトと会った時の自分とまるで同じだと雄太は思った。

あの時の自分が今のグリで、あの時のカイトが今の自分だ。

雄太は、思わず苦笑いしてしまった。

しかしグリはがんとして、警戒心をとこうとはしなかった。

そんな時だった。

雄太は持病のひどい頭痛から、キドックス・ファームにいけなくなってしまった。

グリのことが頭からはなれない。いかなくてはと思うがどうしても起きあがれなかった。

今が一番大切な時なのに、と雄太は自分を責めたが、頭痛には勝てず、結局1か月のうち3日も欠席することになった。

最近ではなかったことだけに、さすがに雄太は落ちこんだ。

それからも雄太は、グリが雄太といることで「楽しい」と思えることを優先してトレーニングを行った。

そして、それはグリを担当して数か月がすぎたころだった。

朝、雄太がキドックス・ファームに到着すると、グリが部屋のドアの前に雄太をむかえにきてシッポをふっていた。

「グリ！　むかえにきてくれたのか！　おはよう！　グリ！」

雄太の声が高まり、周囲にひびいた。

その声に琴美が気づき、入口に近づいて「雄太さんおはよう」と声をかけた。

みるとグリのシッポは、大きく大きくゆっくりとゆれていた。

グリのゆれるシッポをみたのは初めてだ。グリが雄太に心を開いた瞬間だった。

不思議なもので、犬には犬のタイミングというのがあるらしい。

昨日まで「コイツ大丈夫かな」と警戒していたのに「コイツなら信用してもいいか」という決断を、グリは雄太に対して今日決めたようにみえた。

雄太がグリの頭をそっとなでた。グリはその手をさけようとはせず、ぎこちないながらも雄太の手を受けいれ、おとなしくなでられていた。

雄太はグリの呼吸のリズムや雰囲気を読みとり、その空気に合わせて、ゆっくりとグリをなでた。

「グリ……いい子だ」

グリがじっと雄太をみている。

その目に警戒心はもう宿ってはいなかった。

「心を開いて先に寄りそうべきは、犬ではなく人間ですね……」

思ってもみなかった雄太の言葉に、近くにいた琴美はおどろいた。

「自分が変われば、犬も変わります。ペーがそうだった。それから、グリも……」

雄太はグリをなでながら、だれにいうでもなくいった。


〝雄太さん、自分が変われば、犬だけでなく、他人も変わっていくんだよ――〟


琴美は、雄太にいいたい言葉をぐっと飲みこんだ。

自分がいいように変化すれば、相手も自分にとっていい相手に変化するものなのだ。

まずは自分が変わること。相手に対して誠実で正直でいること。

その相手が犬でも人間でも、「心」を持っている生き物なら同じことだと琴美は思った。そのことにようやく雄太自身が気づきはじめているのだ。

雄太が社会への第一歩をふみ出せるまで、もう一息だった。


それからも、雄太はあきることなくグリの相手をした。

同時にそのころからグリは、以前よりもずっと雄太に対して活発な動きをみせはじめた。

グリが体を動かすのが好きだと知った雄太は、トレーナーの里見にトレーニングを室内ではなく、屋外でやることを申しでた。

屋外のドッグランならリードを長くして、ある程度自由に走ることができる。案の定、グリはのびのびとした様子で草のにおいをかいだり、歩きまわったりしていた。

こんなグリをみるのは初めてだった。

トレーニングも「オスワリ」や「マテ」のようなトレーニングに合わせて、いっしょに歩いてターンするといった、体を存分に動かすトレーニングを中心に取りいれた。

雄太自身がグリのために考えた方法だ。

シッポをブンブンふって、雄太の横を伴走するグリの姿がドッグランのなかにあった――。

やがて、グリはリードをつけてのふつうの散歩でも、歩けるようになっていった。

ところが今度は楽しすぎるのか、雄太をぐいぐい引っ張って「早く！　早く！」とせかすようになってしまった。散歩が大好きになってくれたのはいいが、引っ張りぐせができては、飼い主となる人が転倒するおそれがある。

散歩のできなかった犬が、散歩できるようになるということは、散歩の楽しさがわかるということだ。これも大切なトレーニングの成果だが、今度は楽しすぎて、はしゃぐようになる。飼い主とちゃんと歩けるよう、次はこの引っ張りぐせを直さなくてはならない。

ここからが、ふつうの家庭犬レベルのしつけのスタートだった。

グリとの毎日は楽しくて仕方がなかった。

このころから雄太の生活は、周囲もおどろくほど飛躍的に好転しはじめた。

今までは母親に車で送りむかえしてもらっていたのに、グリの担当をはじめてまもなくする

家庭犬になるためのトレーニングにはげむ、雄太(ゆうた)とグリ。

と、自分で車を運転するようになり、キドックス・ファームまでの道のりを当たり前のように自身で往復するようになった。

自宅では率先してゴミ出しや、家の片づけ、切れた電球の交換などを行った。

自分の意思で家の手伝いをしたいと思えるようになったし、何より必要な時に親にたよられることがうれしかった。

だれかの役に立てる自分がまちがいなくいる――。

それはきらいな自分ではなく、好きな自分だった。

家のなかだけではなく、社会のなかでだれかの役に立ちたい――。働きたい――。

雄太は真剣に、働くことを現実のものとして考えはじめていた。


同じころはるかは、雄太におとらぬ「高いハードル」に挑戦していた。

はるかが、次に担当することになった犬の名前はヤマ。

同じくキャピンに保護された犬で、その名の通り野山を自由にかけまわっていた生粋の野良犬だ。

攻撃性はないが、20キロ以上ある大きな体をいつも丸めて、まるで自分はここにいないかのように気配をかくす。人間と暮らしたことがないヤマはとにかく臆病で、人間ぎらいだった。全く会ったことがない人間をみるとパニックにおちいる。

臆病で人間のいないところににげたがるため、散歩でリードをつけると猛烈な力で引っ張る。

はるかはときどき、転びそうになった。

「はるかさん、大丈夫？　ヤマの担当続けられる？」

はるかとヤマをみて琴美は心配になった。ヤマの担当が難しいようなら、他の犬に担当を変えてもいいと考えていたのだ。

しかしはるかは、琴美にヤマの担当を続けるという自分の気持ちを伝えた。

「1回、担当を決心したからには続けたいです」

迷いはなかった。

大変なことは百も承知だったが、自分がヤマに「安心」「安全」「信頼」を教えてあげたいとはるかは思った。

その気持ちを琴美は尊重することにした。

そもそも、はるかの犬のトレーニングはていねいで、集中力も高い。

はるかにそれだけの覚悟があれば、ヤマも何とかなるだろう。琴美はしばらく見守ることにした。

その期待通り、ヤマは日に日にはるかには、少しずつ心を許すようになってきた。

不思議なもので、言葉を持たないヤマとの「会話」はとてもスムーズで、はるかにはヤマの心が手に取るようにわかった。「以心伝心」とはこういうものなのだ。

しかし、相手が人間ではそうはいかない。

相手の顔色をうかがいながらのコミュニケーションは、はるかにとってはいまだおそろしく、苦手なものだった。

ヤマはトレーニングにおいても、はるかの指導のもと、すぐに進歩をみせた。

得意なのはポチと同じ「ハイタッチ」だ。

はるかと、キドックス・ファームの近くを散歩するヤマ。

たまたまトレーニング中、手を広げて、ヤマの前にかかげて「タッチ」といったところ、ヤマは偶然、前脚をはるかの手の平にあわせてくれたのだ。

このハイタッチをするたびに、はるかもポチとの楽しかった時間を思い出す。

ハイタッチははるかにとっても、特別なコマンドだった。

その後もヤマははるかとのタッチが大好きで、はるかが手をかかげると前脚をタッチする。

自分の思いにヤマが徐々に、しかし確実に応えてくれることが、はるかには何よりうれしかった。

ただ、知らない人をみると相変わらずパニックを起こし、クレート（移動用の犬舎）のなかににげこんでしまう。その後は決して出てこようとはせず、じっとクレートのなかで息をひそめているだけだ。

これでは、新しい飼い主をみつけることなどとうてい無理だった。

まずは、知らない人間もこわくないのだと知ってもらわなければならない。

しかし、知らない人があまり出入りしないキドックス・ファームでの「人なれ」は、容易ではなかった。これは、グリにも当てはまることだった。

グリやヤマがどんなに雄太やはるかになついても、ふたりは飼い主ではない。

いずれお別れしなければならない人間だ。

今、この2匹にとって必要なのは、人間と暮らすうえでの「社会化」、つまり、知らない場所で、知らない人と接する体験をし、人間は信頼できる生き物なのだとわかってもらうことだった。

琴美は考えた末、「譲渡会」に、グリとヤマを参加させることにした。

譲渡会に参加するのは、グリと兄弟犬のグラ、ヤマをはじめとする5匹の犬たち。

譲渡会とは、いわば飼い主を募集しているペットと、新しいペットをむかえたいと考えている人間との「出会いの場」のことで、多くの人が訪れる。

そんな社交的な場所に、極度な人間不信の2匹を参加させた理由は、「飼い主探し」よりも「社会化」、つまり人なれをうながすという目的があった。

当然その日は、担当である雄太とはるかも、世話係として琴美らスタッフといっしょに同行することになったのだった。

譲渡会場となった東京都渋谷区の表参道は、原宿にほど近い若者の多いおしゃれな街だった。大通りにはブティック、レストラン、カフェがずらりと並び、その通りに面した広場でフリーマーケットが開催されていた。ケーキ、パン、ドライフルーツ、野菜等、食品を売っている店が多かったが、ハンディクラフトを販売する店もある。

表参道という土地柄もあり、朝から大勢の人でにぎやかだ。日本在住の外国人や、観光客の姿も多い。

10月後半の週末にしては、気温が高く、多くの人がケータリングカフェの飲み物を手に、フリーマーケットをみてまわっていた。

そのフリーマーケットの一角で、譲渡会を行うことになったのが、キドックス・ファームだった。

土浦から車で3時間近くかけてきた「表参道」は、洗練されつくした場所で、そこを歩いている人たちも、みな最先端のファッションで身をまとっていた。

こんなに大勢の人が集まる場所にやってくるのは、グリもヤマも生まれて初めてだ。何しろ、2匹はキャピンに保護されるまで、人目をさけ、墓地周辺や野山で暮らしていたのだ。2匹だけではない。雄太とはるかにとっても、それは前日から心臓がどきどきするほど緊張を強いられるものだった。

雄太とはるかは、まぶしすぎる大都会の日差しのなか、琴美たちスタッフの指示に従い、大きなサークルを広げて準備に取りかかった。

今のヤマとグリに、新しい飼い主がみつかるとは琴美もさらさら思ってなかったが、とにかく知らない人がいる知らない場所で、場なれ、人なれしてもらうことが第一目的だ。

そして第二の目的が、雄太とはるかに、犬たちをみにきてくれた人たちの接客をしてもらい、コミュニケーション能力を少しでも身につけてもらうということだった。

準備が整うと、雄太はクレートからグリを出して、リードで誘導し、サークルのなかに入れた。これで、周りの人はグリを柵の外からみることができる。

ヤマはまだクレートのなかで縮こまっている。

サークルにグリをふくむ3匹の犬が入れられると、早速多くの人が犬をみに、次から次へと集まってきた。

「こんにちは！　新しい飼い主さんを募集している子たちです。どうぞ、ふれあってみてください」

琴美が率先して、声をかけた。

琴美がみにきていた人たちの相手をしている間に、次々と人がやってきて雄太に声をかけた。

「この子は、何歳？」「保護犬って何？」「犬種は？」

最初は戸惑ったが、雄太のなかには質問に対する答えがすべてインプットされている。

答えに戸惑うことはなかった。

「この子の名前はグリ。男の子で2歳です。ミックスです、野犬だったところを保護されて、新しい飼い主さんを探しています」

雄太は相手の目をちゃんとみて話していた。

一度、話しおえると、今度は自分から「こんにちは！　新しい飼い主を募集している犬たちです。どうぞ、みにきてください」と声をあげはじめた。

「真っ黒なイケメンワンコのグリです」

冗談も自然と口からついて出た。

今の雄太をみる限り、だれも引きこもりのニートだったとは信じないだろう。

笑顔で、大きな声で、雄太は知らない人たちと次々と会話をかわした。

グリとヤマ以上に、「知らない人なれ」が必要なのは雄太とはるか自身だったが、犬がいれば何ら問題なさそうだった。

様子を見計らって、ヤマがクレートのなかからサークルに移った。

案の定、ヤマはシッポをさげて、おびえている。

はるかはヤマのそばについていて、ヤマをはげました。とにかく今日はこの雰囲気になれるだけでいい。はるかのなかにあせりはなかった。

はるかも通る人たちに「こんにちは」と声をかけた。

表参道に設けられた、NPO法人キドックスの展示スペース。

会場には、譲渡会に参加する犬たちの写真も掲示された。

飼い主希望の人たちと、
譲渡会に参加した犬が直
接ふれあうこともできる。

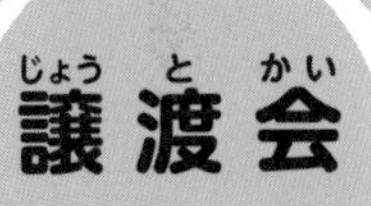

雄太は、周りの人たちに犬たちの説明をはじめた。

はるかもサークル内に入って、なれない場所で緊張しているヤマの世話をしていた。

はるかもヤマがいれば、人もこわくなかった。

あっという間の1日だった。

結局、その日、新しい飼い主が決まったのは、キャピンで保護された白い子犬1匹だったが、琴美はこの大都会の譲渡会に参加して本当によかったと、雄太とはるかをみて思った。

帰るまぎわ、雄太はぽつんと琴美にもらした。

「ペー……、どうしていますかね」

ポチとペーがキドックスを卒業してから10か月がすぎていた――。

8．再出発

グリと雄太のトレーニングは順調だった。

あれだけ人間を警戒していた、グリの心のなかの氷は雄太によってとかされ、今では知らない人になでられても、さけることはなくなった。

雄太との関係はいたって良好で、雄太とタオルの引っ張りあいっこをする遊びが大好きだ。

体を動かすのが好きなグリに合わせて考えたレクリエーションだった。

「グリ！　このなかに何があるかな？」

タオルのなかにトリーツをかくすと、雄太はそれをグリの前にかかげた。

グリとのコンビも息がぴったりだった。

そんな時でも、なぜか、ふと思い出すのはペーのことだった。

どうして最後、ペーの見送りにいけなかったのだろう。

今さら考えても仕方がないことだが、後悔の念が雄太の頭から消えたことはなかった。口にこそ出さないが、その思いは痛いほど、琴美にもスタッフにも伝わってきた。

それは最近めったにきこえなくなった、雄太のため息がきこえる時だった。

何もいわなくても、そのため息が、雄太のなかのペーへの後悔を物語っていた。

気落ちした雄太をみかねた琴美が、雄太のためにできる策はひとつだけだった。

「ポチとペーに会いに、東京までいかない？」

雄太の後悔を払拭するためには、これが一番のはずだ。

雄太は突然の琴美のさそいに、びっくりして返事ができなかった。

はるかは突然顔をパッと笑顔にして、「ポチに会えるんですか」ときいた。

「うん！　雄太さん、ペーに会いにいかない？」

雄太は、少し笑いながらうつむいて「え……そうですね……」と遠慮がちに答えた。

「いこうよ！　養護施設の先生からも、ぜひきてくださいっていっていただいてるし」

雄太の返事はやはりはっきりしない。瞬間、雄太の口からため息がもれた。

「はるかさんは？」

「ポチに会えるなんてすっごくうれしい……。わたしのこと覚えてるかな？」

はるかは、ポチに対して精一杯やったという達成感があったのだろう。

迷うことなくポチとの再会を望んだ。

「雄太さんは？」

「……あ、はい。会いたいです……」

最近の雄太にはないあいまいな返事だ。しかし、琴美は迷うことなく「よし！　じゃあ決定！」といいきった。

雄太は必ずくるという確信が、琴美にはあった。

ポチとペーが旅立ってから、ちょうど1年がすぎていた――。

その年の暮れの晴れた午後、琴美たちスタッフは東京の児童養護施設を訪れていた。

もちろん雄太もはるかもいっしょだ。

施設の敷地内には元気な子どもたちの声が、1年前と変わらずひびいていた。

「ポチ！」「ペー！」

あのなつかしいポチとペーの姿が家の玄関先の軒下にみえた。

スタッフがポチとペーを施設の中庭に放すと、2匹は一目散に雄太とはるかに向かって走ってきた。

キドックス・ファームにいたころより、ずっと元気で生き生きしてみえる。

2匹が大切にかわいがられていることは一目瞭然だった。

キュンキュンと鼻を鳴らし、シッポをブンブンふって、2匹は雄太とはるかにあまえてくる。大興奮だ。

雄太は久しぶりに会う元気なペーの姿に、感極まって思わず涙をうかべた。

何もいわないが、最後の見送りをおこたったことを、本当に申し訳なく思っているのだろう。

その姿をみて琴美ももらい泣きしてしまった。

はるかは、ただひたすら笑顔でだまってポチをなでていた。

2匹はしばらく、なつかしい担当者とあいさつをかわしていたが、やがて子どもたちといっしょに中庭を猛ダッシュで走り始めた。

今まで琴美たちがみたこともないほどの2匹のはしゃぎようだ。

それをみながら、施設のスタッフがいった。

「ポチはここにきた当初、夜泣きがひどくて、一晩中鳴いていました。知らないところへきたことが不安で仕方なかったんでしょう。でも、子どもたち、うるさいとは一言もいわず、ポチを心配してずっとかわいがってくれました。今では、立派な家族の一員です」

ポチとペーがぐるぐると中庭をまわると、それを追いかけるように子どもたちが走りまわっている。人と遊ぶのが大好きで、いつもエネルギーが有り余っていた2匹にとって、これほどマッチした譲渡先は他にはない。琴美は改めて2匹をここに送りだしてよかったと思った。

30分も全力で走りまわると、2匹はつかれたのか、自ら自分の家に戻り、軒先に置かれた水をがぶがぶ飲んで、へたりこんでしまった。大満足の様子だ。

雄太とはるかはその様子をいつまでも、なつかしそうに目で追っていた。

やがて日がかげり、中庭は年の瀬の冷えた冷気にみまわれた。

施設のスタッフが寒さを心配し、ロビーに入るよう琴美らをうながすと、温かいコーヒーでもてなしてくれた。

「上山さん、この施設では毎年近所の人たちからクリスマス募金をつのって、いただいた募金をどこのだれに寄付するか、子どもたち自身が話し合って決めるのですが、今年は、キドックスさんにと決定しました。子どもたちみんなが、ポチやペーのような犬のために寄付したいと決めたのです。ポチとペーがきてくれたおかげで、子どもたちは多くのことを学んだと思います。本当にありがとうございます」

捨て犬を救いたいと、子どもたち自身が寄付先を決めたことは、素晴らしい「命の授業」を、ポチとペーから直接子どもたちが受けたという証拠だ。

それは、どんなベテランの先生よりも、子どもたちの心にひびく授業のはずだった。

捨てられた犬が人間に救われたことによって、今度は大切な何かを教える役割を担う――。

児童養護施設で、久しぶりに再会した雄太とペー。

ドッグ・プログラムの可能性は計り知れないほど大きい。

命の可能性は無限大だと、琴美は思った。

帰り際、子どもたちが笑顔で見送るなかで、雄太はそれに応えながら、ほっと救われたような表情をしていた。

その表情をみた琴美も、心から「ほっ」と安堵のため息をもらした。

あと3週間で新しい年が始まる。

ポチとペーとの再会は、雄太とはるかにとって、この年一番の思い出となったことだろう。

新しい年が明けてからも、雄太とグリ、はるかとヤマの関係は良好だった。

ペーの再出発を見届けた雄太は、罪悪感から解き放たれたのか、以前より晴れ晴れとした表情をみせるようになった。

そんな人間の事情を知ってか知らずか、グリは雄太とのトレーニングに嬉々としていどんだ。

グリは相変わらず外が好きで、外でのコマンドには反応がいい。

施設（しせつ）の中庭を元気にかけまわるポチとペー。

ただグリは集中力が続かず、短い時間であきてしまう。

そういう時は、グリがあきる前にトレーニングを終わらすことがコツだ。

トレーニングは楽しいものだと感じている時に終われば「トレーニング＝楽しい」という記憶(きおく)が残り、トレーニングがうんと好きになってくれるからだ。好きになれば飲みこみも早い。

散歩は以前より上手に歩けるようにはなったが、大きな車がとなりを通るとびっくりして萎縮(いしゅく)してしまう。まだまだ散歩の指導(しどう)は必要だった。

一方、はるかのヤマは、相変わらず知らない人が苦手だ。

そんな時、はるかはたまに訪(おとず)れる来客にたのみこんで、トレーニングを手伝ってもらえるようお願いすることにした。はるか自身が考えついた「人なれ」トレーニングだ。

「すみません……お時間が空いている時に、数分だけお手伝いしてもらえますか」

今では知らない人でも、自分から声をかけ、たのみごとをすることもできる。

はるかは、ある日、取材にきていた記者にそうお願いすると、トリーツをわたした。

「そのお菓子、ヤマにあげていただけますか」

ヤマはというと、知らない人がこわくて、クレートのなかににげこんだきり出てこない。

「ヤマ！　お客さんがおいしいお菓子くれるんだよ。こわくないよ。出ておいで」

記者がヤマのクレートの前でトリーツを差しだした。

トリーツには目がないヤマ。しかし、トリーツを持っているのは知らない人だ。

「ヤマ、ほら！　お菓子」

ヤマははるかと記者を交互にみながら、そっと出てきてトリーツをゲットした。その瞬間、はるかが「ヤマ、良くできたね！　こわくないでしょ？」とヤマをだきしめた。

ヤマははるかの腕のなかでじっとしている。

ヤマはまだまだトレーニングが必要だったが、ヤマの成長のためなら何でもしたいとはるかは思うようになっていた。

だれかを愛しいと思う気持ちがこんなにいいものだということを、はるかはヤマから教えてもらったのだった。

プログラム参加から2年をむかえ、参加している若者のなかで、はるかはリーダー的存在となっていた。キドックス・ファームに通う後輩たちにトレーニングの見本を示すほどで、腕前はトレーナー並。今では琴美にとってもかなりたよれる相手だ。

相手にたよられていると思うと、自信もつく。自信がつけば、何かに取り組みたいという意欲がわくというものだ。もともと絵を描くのが好きだったはるかは、イラストに取り組みはじめ、ポチとペーの絵を描いて、それを児童養護施設の子どもたちにプレゼントした。

子どもたちは大喜びで、イラストを受け取ると、そのできばえを素直にほめた。

それが、さらなる大きな自信をはるかにあたえてくれた。

ヤマは、はるかのその大きな前進におくれまいとするかのように、はるかのみている前で、来客ともハイタッチをするようになった。

まるではるかに「ほめて」といわんばかりである。

はるかのなかに、「アルバイトをしてみたい」という気持ちが芽生えたのもこのころだった。

雄太もはるかも、この2年間、犬たちと関わるなかでずいぶんと成長した。

そしてそれは、ポチとペーとの再会から4か月近くがすぎたころだった。

グリを家族にむかえたいという知らせが、琴美のもとに届いたのである。

グリは決して人間をみてあまえるタイプではない。その性格から飼い主がなかなかみつからなかったが、グリのすべてを受けいれてむかえたいと申し出てくれた夫婦が現れたのだった。

雄太の顔から自然と笑みがこぼれた。

ペーの時とはちがい、グリの幸せを素直に喜べる自分がそこにいた。

そしてグリの幸せを願う気持ちは、雄太自身の心も幸せにした。

こんな気持ちになったことは初めてだった。

グリにはちゃんと「さよなら」がいえそうだ。

「雄太さん、グリとのお別れ、きちんとできるよね？」

「はい」

雄太の言葉に迷いはなかった――。

グリはようやく家庭犬としてのスタートを切ることができたのだ。

これからは人間の家族として、幸せな一生を送ることができるだろう。

その1週間後、グリはキドックス・ファームをあとにして、茨城県笠間市に住む新しい家族の家に旅立っていった。

トライアルが終わった正式譲渡の折には、雄太は琴美といっしょに飼い主の家にあいさつに出向いた。

担当犬の門出には喜びとさびしさがつきまとう。同時にグリの旅立ちが、雄太にはうらやましかった。自分も社会に旅立ちたい、そんな思いがふとこみあげてきたのだ。

その気持ちが「そろそろ働けるのではないか」と、雄太の背中をたたいた。


なやみになやんだ末の一大決心だった。

雄太はついに、アルバイトの面接を受けることにした。

今まで働いたことがなかった雄太にとって、それはグリをこす「高いハードル」だった。

里親宅でトライアルの1週間を家庭犬としてすごしたグリ（左）とグラ。

そして……、結果は、見事「採用」だった。

その報告を受けた琴美は、とびあがって喜んだ。

社会に出れば、もっと高いハードルが雄太の前に立ちはだかるだろう。

人も犬も、いきなり高いハードルをとびこすことなどできない。

もしかしたら、そのハードルにつまずき、社会に出て失敗するかもしれない。

しかし、低いハードルから順番にとびこえていけば、いつかは必ず高いハードルをもとびこえられる。

雄太にとって、最初のハードルとなってくれたのが犬たちだった。

そして、犬たちのハードルとなってくれたのも、やはり雄太だったのだ。

今度は「犬」というハードルではなく、「社会」というハードルに雄太はいどまなければならない。それはだれにとっても高いハードルだが、とびこえた時の達成感や喜び、そしてあたえられる自信は格別のものとなるだろう。

琴美は、このプログラムを始めた時の思いを、今一度、心のなかで思い出していた。

〝人がその人らしく自分の人生を生きることができる、犬がその犬らしく人と生きることができる、そんな世界をつくりたい――〟

琴美はいつしか、キドックス・ファームのドッグ・プログラムを日本全国に広げていきたいと思うようになっていた。

それは琴美にとって、とてつもなく高いハードルだ。

しかし高いハードルをとびこえた時ほど、人も犬もかがやける瞬間はない。

そのキラッとした瞬間を、この手で導きたい。

多くの人のために……、捨てられた犬たちのために……、

そして……自分自身のために。

著者

今西乃子（いまにし　のりこ）

大阪府岸和田市生まれ。航空会社広報担当などを経て、児童書のノンフィクションを手がけるようになる。

執筆のかたわら、愛犬を同伴して行う「命の授業」をテーマに小学校などで、出前授業を行っている。

日本児童文学者協会会員
著書に『ドッグ・シェルター　犬と少年たちの再出航』『犬たちをおくる日　この命、灰になるために生まれてきたんじゃない』『命を救われた捨て犬 夢之丞　災害救助 泥まみれの一歩』『よみがえれアイボ　ロボット犬の命をつなげ』（金の星社）、『命のバトンタッチ』『しあわせのバトンタッチ』（岩崎書店）他多数。

公式サイト　http://www.noriyakko.com/

写真

浜田一男（はまだ　かずお）

1958年、千葉県生まれ。東京写真専門学校（現東京ビジュアルアーツ）卒業。1984年にフリーとなり、1990年写真事務所を設立。第21回日本広告写真家協会（APA）展入選。

『小さないのち　まほうをかけられた犬たち』（金の星社）ほか、企業広告・PR及び雑誌・書籍の撮影を手がける。数点の著書の写真から選んだ「小さな命の写真展」を各地で開催。

公式サイト　http://www.mirainoshippo.com/

◆写真提供

NPO法人キドックス：写真係くまちゃん

口絵／P.3（上段右・下段）、P.4、P.5（上段）、P.6（上段左）、P.8（下段）。

本文／p.29、p.51、p.59、p.75、p.81、p.91、p.111下段、p.139。

特定非営利活動法人キドックス（KIDOGS）

所在地：茨城県土浦市大畑1440（キドックス・ファーム）

URL：http://kidogs.org

ノンフィクション　知られざる世界
捨て犬たちとめざす明日

今西乃子／著
浜田一男／写真

取材協力／NPO法人キドックス

初版発行　2016年9月　第3刷発行　2017年6月

発行所　株式会社　金の星社
〒111-0056　東京都台東区小島1-4-3
TEL. 03（3861）1861（代表）　FAX. 03（3861）1507
http://www.kinnohoshi.co.jp
振替　00100-0-64678

編集協力／ニシ工芸 株式会社
デザイン・DTP／ニシ工芸 株式会社（岡田貴正）
印刷・製本／図書印刷 株式会社

142ページ　22cm　NDC916　ISBN978-4-323-06092-7

乱丁・落丁本は、ご面倒ですが小社販売部宛にご送付ください。
送料小社負担にてお取り替えいたします。